全国技工院校、职业院校"理实一体化"系列教材

机电一体化概论

（第 2 版）

李乃夫　丛书主编

梁志彪　主编

U0256589

电子工业出版社

Publishing House of Electronics Industry

北京·BEIJING

内 容 简 介

本书是由电子工业出版社组织编写的全国技工院校、职业院校"理实一体化"系列教材之一。全书的主要内容包括：机电一体化概述、机电一体化的相关技术及机电一体化的应用举例。

本书为职业技术教育院校机电技术应用专业教材，也可供工科其他相关专业（如机电一体化、电气自动化、机电控制技术等）使用或作为工程技术人员自学、参考用书。

图书在版编目（CIP）数据

机电一体化概论 / 梁志彪主编. —2 版. —北京：电子工业出版社，2014.2
全国技工院校、职业院校"理实一体化"系列教材

ISBN 978-7-121-22395-2

Ⅰ．①机… Ⅱ．①梁… Ⅲ．①机电一体化—职业教育—教材 Ⅳ．①TH-39

中国版本图书馆 CIP 数据核字（2014）第 011746 号

策划编辑：张　凌
责任编辑：白　楠
印　　刷：北京虎彩文化传播有限公司
装　　订：北京虎彩文化传播有限公司
出版发行：电子工业出版社
　　　　　北京市海淀区万寿路 173 信箱　邮编　100036
开　　本：787×1 092　1/16　印张：6.5　字数：166.4 千字
版　　次：2010 年 1 月第 1 版
　　　　　2014 年 2 月第 2 版
印　　次：2024 年 7 月第 15 次印刷
定　　价：15.00 元

凡所购买电子工业出版社图书有缺损问题，请向购买书店调换。若书店售缺，请与本社发行部联系，联系及邮购电话：（010）88254888，88258888。

质量投诉请发邮件至 zlts@phei.com.cn，盗版侵权举报请发邮件至 dbqq@phei.com.cn。

本书咨询联系方式：（010）88254583，zling@phei.com.cn。

第2版前言

本书是由电子工业出版社组织编写的全国技工院校、职业院校"理实一体化"系列教材之一，第1版于2009年出版。全书的主要内容包括：机电一体化概述、机电一体化的相关技术及其应用举例等。

日前，电子工业出版社在广州召开了教材修订工作会议，组织了该系列教材的修订工作，并确定了修订的基本工作方案：按照当前教改与教材建设的总体要求，能够反映近年产业升级、技术进步和职业岗位变化的要求；重新定位该系列教材是面向高、中职机电技术应用专业的专业教材，要求各教材按照这一定位，与职业（行业）标准对接，根据国家职业标准中级工的标准要求，并兼顾高级工的标准要求；此外，对修订教材的内容结构与呈现形式等也提出了相应的具体要求。

按照广州会议确定的修订方案，编者对本书进行了修订。修订的基本指导思想是：

1. 按照当前职业教育教学改革和教材建设的总体目标，努力体现"以就业为导向，以职业能力为本位，以学生为主体"，着眼于学生职业生涯发展，注重职业素养的培养，有利于课程教学改革。

2. 在教材内容的选取上，不追求学科知识的系统性和完整性，强调在生产生活中的应用性和实践性，并注意融入对学生职业道德和职业意识的培养。同时，努力体现教学内容的先进性和前瞻性，突出专业领域的"四新"（新知识、新技术、新工艺、新的设备或元器件）。教材中的有关内容也与相关工种的中、高级工考证的内容相吻合。

3. 在教材内容的组合上，为利于实施理实一体化教学，力图改革传统的以学科基本理论传授为主的组合方式，以体现"工作过程系统化"；增加训练项目，以利于实施项目教学、案例分析和任务驱动等具有职业教育特点的新教学方法。

本书推荐的两个教学方案如下表所示，分别为36学时和42学时。

序号	内容	学时分配建议方案	
		方案一	方案二
第1章	机电一体化概述	6	6
第2章	机电一体化的相关技术	14	16
第3章	机电一体化的应用举例	14	18
机动		2	2
总学时		36	42

本书仍由梁志彪主编，由程周担任本书的主审。

欢迎教材的使用者及同行对本书提出意见或给予指正！

编　者
2013年11月

第1版前言

本书是由电子工业出版社组织编写的中等职业教育机电技术应用专业规划教材之一。全书的主要内容包括：机电一体化概述、机电一体化的相关技术及其应用举例等。

编者在本书的编写中力图体现以下特色：

1．符合当前职业教育教学改革和教材建设的总体目标，努力体现出"以能力为本位、以就业为导向"的职业教育教材特色。力求教材的基本内容体系与岗位的关键职业能力培养要求相对应，实现"与岗位、与生源相衔接"。

2．增加教材内容的实用性，与职业技能鉴定的标准相结合，并同时兼顾考工的标准要求。

3．适应专业技术的发展，努力体现教学内容的先进性和前瞻性，突出专业领域的"四新"（新知识、新技术、新工艺、新的设备或元器件）。

4．在教材内容的组合上，体现不同层次的教学要求，有利于组织分层教学。

本书作为中等职业教育机电技术应用专业教材，也可供工科其他相关专业（如机电一体化、电气自动化、机电控制技术等）使用。

本书的总教学时数建议为30～40学时，其中"＊"号内容为选学内容。推荐的两个教学方案见下表。

序号	内容	学时分配建议方案	
		方案一	方案二
第1章	机电一体化概述	6	8
第2章	机电一体化的相关技术	12	16
第3章	机电一体化的应用举例	10	14
机动		2	2
总学时		30	40

本书由梁志彪主编，由程周担任本书的主审。

限于编者的知识与水平，本书的错漏之处在所难免，恳请使用者及同行给予指正！

为了方便教师教学，本书还配有教学指南，电子教案、习题答案。请有此需要的教师登录华信教育资源网（www.hxedu.com.cn）免费注册后进行下载，有问题时请在网站留言或与电子工业出版社联系（E-mail:hxedu@phei.com.cn）。

编　者
2009年11月

目　　录

第 1 章   机电一体化概述

学习目标

本章讲述的是机电一体化的基本知识，也是机电一体化学习的基础部分；通过本章的学习，应能掌握、理解机电一体化中的有关概念及机电一体化系统的基本构成，了解机电一体化的发展历史，并通过训练了解机电一体化在实际工作中或生活中的应用。

主要内容

- 机电一体化的定义和基本概念；
- 机电一体化系统的基本结构和功能；
- 机电一体化产品的种类；
- 机电一体化技术的发展概况。

1.1   机电一体化的定义和基本概念

1.1.1   机电一体化的定义

机电一体化这一名词最早出现在日本（1971），它是由英文单词"Mechanics"（机械学）的前半部分和"Electronics"（电子学）的后半部分组合而成为"Mechatronics"（机电一体化）一词。

机电一体化是在机械主功能、动力功能、信息功能和控制功能上引进微电子技术，并将机械装置与电子设备以及相关软件有机结合而构成系统的总称。

在我国，机电一体化过去常称为机械电子学。

1.1.2   机电一体化的基本概念

从名词的字面上看，机电一体化是机械学和电子学两个学科的综合（组合），但实质并不是两者的简单叠加，而是将多种技术融合为一体的产物；或者是把多种技术（如机械技术、电气技术、微电子技术、信息技术、控制技术、编程技术等）柔和地融合在一起的一门综合学科（如图 1-1 所示）。

机电一体化包含机电一体化技术与机电一体化产品两个方面的内容。机电一体化技术主要是指将多种技术有机地融合在一起，并应用到实际生产和日常生活中的综合技术。机电一体化产品主要是指应用机电一体化技术的结果，即综合应用多种技术

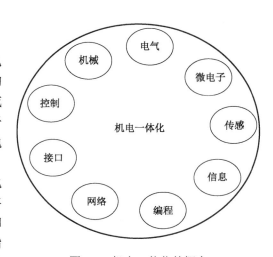

图 1-1   机电一体化的概念

而形成的产品；机电一体化产品包含了机电一体化装置、机电一体化系统等。

机电一体化的组成如图1-2所示。

1.1.3 机电一体化共性的关键技术

机电一体化是多种学科技术领域的综合且相互交叉的技术密集型系统工程。为了使系统的运行达到最优化，应该使构成系统的所有技术及其硬件采取最佳组合方式，因此，决定采用哪些技术融合在一起，是需要通盘考虑的。但机电一体化通常有共同的技术，即共性的关

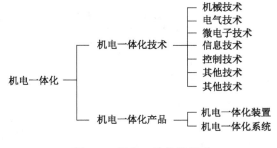

图1-2 机电一体化的组成

键技术，它应包括自动化控制技术、计算机与信息处理技术、检测与传感器技术、执行与驱动技术、精密机械技术、总体设计技术、接口技术七大关键技术。这些组成的技术要素内部及其之间，通过接口耦合来实现运动传递、信息控制、能量转换等，形成一个有机融合的完整系统，如图1-3所示。

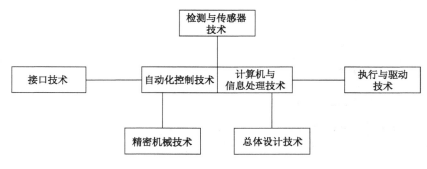

图1-3 机电一体化共性的关键技术

1．自动化控制技术

自动化控制技术又简称控制技术。自动化控制技术是按照一定的程序控制整个系统有目的地自动运行。在机电一体化系统中，完成自动化控制的设备有继电器控制装置、半导体继电器控制装置、可编程控制器（计算机）、变频器等。

2．计算机与信息处理技术

信息处理技术包括信息的传送、交换、存取、运算、判断和结果处理等，实现信息处理的部件是计算机，因此，计算机技术和信息技术是紧密相连的。在机电一体化系统中，计算机与信息处理部分控制着整个系统的运行，所以，信息处理技术成为机电一体化技术中最为关键的技术部分。

3．检测与传感器技术

检测与传感器技术又简称为传感技术，它是一种自动化的检测技术。在机电一体化系统中，通过这种检测技术收集各种信息或信号，并输送或反馈到信息处理部分。完成信息或信号收集的部件是各种各样的传感器。传感器是一种将被测量变换成让机电一体化系统可识别的、并与

被测量有相对应关系的信号的装置。

4．执行与驱动技术

执行与驱动技术是指各种类型的传动装置（包括电动、气动、液压等）在计算机的控制下推动机械部分作直线、旋转以及各种复杂的运动。常见的电动式执行与驱动元件有电液发动机、脉冲液压缸、步进电动机、交流和直流伺服电动机等。

5．精密机械技术

机械技术是机电一体化的基础。在机电一体化系统中，经典的机械技术借助于计算机辅助技术，同时采用人工智能系统等，形成新一代的机械技术——精密机械技术。因此，随着高新技术不断被引进到机械行业中，精密机械技术的着眼点在于如何与机电一体化的技术相适应，利用高新技术来实现结构、材料、性能的改革，以满足减少质量、缩小体积、提高精度、提高刚度、改善性能等方面的要求。

6．总体设计技术

总体设计技术是以整体的概念，组织并应用各种相关技术，从全局的角度和系统的目标出发，寻找出一个可行的最佳的技术方案。

7．接口技术

接口技术是机电一体化系统中的一个重要方面。在机电一体化系统中，通过接口技术将系统中各部分有机联系起来。接口包含机电接口、人机接口等。

机电一体化是一个综合性很强的系统，除了包含七大关键技术之外，还有其他相关的技术。

1.1.4 机电一体化技术与其他技术的区别

1．机电一体化技术与传统机电技术的区别

传统机电技术的操作控制通常采用继电器——接触器控制（简称继电器控制），主要通过具有电磁特性的各种电器（如继电器、接触器、时间继电器等）来实现，在设计过程中一般不考虑或很少考虑各种电器彼此间的内在联系。另外，机械本体和电气驱动界限分明，整个装置是刚性的，不涉及软件和计算机控制。而机电一体化技术是以计算机为控制中心，在设计过程中强调机械部件和电器部件间的相互作用和影响，整个装置在计算机控制下具有一定的智能性。

2．机电一体化技术与计算机应用技术的区别

机电一体化技术将计算机作为系统的核心部件来应用，目的是提高和改善整个系统的性能。计算机在机电一体化系统中的应用仅仅是计算机应用技术中的一部分，除此之外，计算机还可以在办公、管理及图像处理等方面得到广泛应用。机电一体化技术研究的是机电一体化系统，而不是计算机应用技术本身。

3．机电一体化技术与自动控制技术的区别

自动控制技术的重点是讨论系统的控制原理、控制规律、分析方法及其系统的构造等；而

机电一体化技术的重点是将自动控制技术作为重要支撑技术之一，将自动控制部件作为重要控制部件来应用。

4．机电一体化技术与并行工程的区别

机电一体化技术在设计和制造阶段就将机械技术、微电子技术、计算机技术、控制技术和检测技术等有机地结合在一起，十分注意机械和其他部件之间的相互作用；而并行工程将上述各种技术尽量在各自范围内齐头并进，只在不同技术内部进行设计制造，最后通过简单叠加完成整体装置。

1.1.5　机电一体化产品的主要特征

机电一体化产品就是在精密机械产品的基础上应用其他关键技术等产生出来的新一代的全自动化的机电产品。机电一体化产品的核心是由微电子技术和计算机技术控制的伺服驱动系统。

【例 1-1】 机械手

机械手（图 1-4）是机电一体化在机械生产领域中的典型产品。

机械手是模仿人的手部动作，能按给定程序、轨迹和要求去实现自动抓取、搬运和操作的自动装置。在机械手上安装必要的机具就可以进行焊接和装配等工作，从而大大改善工人的劳动条件，并显著地提高劳动生产率，加快实现工业生产机械化和自动化的步伐。机械手特别适于在高温、高压、多粉尘、易燃、易爆、放射性等恶劣环境及笨重、单调、频繁的操作中代替工人的工作。

机械手是将精密机械、自动化控制、电机、检测、计算机、液压、气动等技术集中于一体的自动化设备，具有高精度、高效率和高适应性等特点。

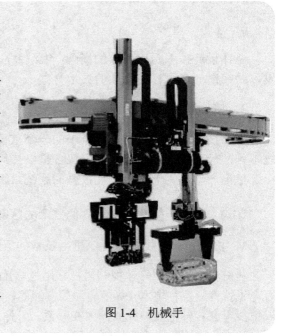

图1-4　机械手

机械手是工业机器人系统中传统的执行机构，是机器人的关键部件之一。

机电一体化产品具有下列主要特征。

1．整体结构最佳化

为了设计出整体结构最佳的产品，单一的专业工种是很难去实现或很难达到要求的；但多专业工种（机械、电气、硬件和软件等）的组合就容易实现了。

机电一体化产品从系统的观点出发，应用机械技术、电气技术、微电子技术、计算机技术等进行有机的组织、渗透和综合，从而实现系统整体结构的最佳化。

如例 1-1 的机械手在构造和性能上兼有人和机器各自的优点，尤其体现了人的智能和适应性、作业的准确性和在各种环境中完成作业的能力。因此，机械手涉及力学、机械学、电气液

压技术、自动控制技术、传感器技术和计算机技术等科学领域，是一个跨学科的综合产品。

2．系统控制智能化

机电一体化系统通过被控制的数学模型根据任何时刻内外界各种参数的变化情况，实时采用最佳的工作程序，还具有自动控制、自动检测、自动信息处理、自动修正、自动诊断、自动记录、自动显示等多种完善的功能。因此，在正常情况下，整个系统按照人的意图进行自动控制，若出现故障，就会自动采取应急措施，实现自动保护。

如例 1-1 的机械手能在恶劣环境中代替人作业，它就是智能系统、检测系统、远程诊断监控系统等的智能组合。

3．操作性能柔性化

通过计算机技术能使机电一体化装置和系统的各部分机构按预先给定的程序进行工作；在需要改变装置和系统的整个或部分的运动规律时，无须改变装置和系统的结构硬件，只须调整由一系列指令组成的软件，就可以达到预期的目的。

如例 1-1 的机械手就是一种能自动定位控制并可重新编制程序用以改变动作的多功能机器。由于采用了可编程序控制器（PLC）控制或微型计算机控制等控制方式，因此，只需通过程序的调整就可以使机械手在各种不同环境下工作。

1.2 机电一体化系统的基本结构和功能

1.2.1 机电一体化系统的基本结构

机电一体化系统（或装置）主要由机械部分、控制及信息处理部分、动力部分、传感检测部分、驱动部分五个部分（或系统）组成（图 1-5）。

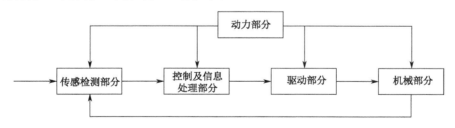

图 1-5 机电一体化系统的基本结构

1．传感检测部分——传感检测系统

传感检测部分主要是指传感器及其处理装置。它对系统运行过程中的内、外参数及状态进行检测，并转换成信息或信号，传输到信息处理器，经过分析、处理后产生相应的控制信息。

2．控制及信息处理部分——电子信息处理系统

控制及信息处理部分主要为计算机系统（硬件和软件）。控制及信息处理部分是机电一体化系统的核心部分。它将来自各种传感器及其处理装置的检测信息和外部输入的指令进行存储、分析、运算、处理等，并根据处理结果，发出相应的控制信号，送往驱动执行部分，从而

控制整个系统正常、稳定地运行。

3．驱动部分——驱动系统

驱动部分有电动式、液压式和气动式三种。电动式主要是交、直流电动机或特殊电动机。驱动部分根据控制及信息处理部分送来的控制信息和指令驱动各种执行元件（如普通电动机或特殊电动机或电磁阀）完成所规定的各种动作和功能。

4．机械部分——机械系统、机械机构

机械部分内各种机械零部件按照一定的空间和时间关系安置在一定位置上，在驱动部分作用下，完成相应的传递任务。

5．动力部分——动力系统、动力源

动力部分是提供动力或能量的来源。它根据系统的控制要求，向系统提供能量和动力以确保系统能正常运行，并用尽可能小的动力输入获得尽可能大的能量和动力输出。

【例 1-2】 平面关节型机械手

机械手的结构由执行机构、驱动-传动机构、控制系统、智能系统、检测系统等部分组成（图 1-6）。

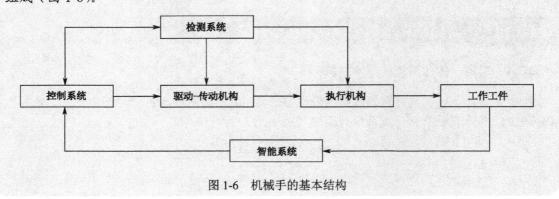

图 1-6　机械手的基本结构

机械手的控制系统通常采用可编程序控制器（PLC）控制、微型计算机控制等控制方式。

机械手的驱动-传动机构是机械手的重要组成部分。根据动力源的不同，可分为液压、气动、电动、机械驱动和复合式五类。

机械手的执行机构由手部、腕部、臂部等部分组成。

① 手部——直接与工件接触的部分，一般采用回转型或平动型。手部为两指或多指。根据需要手部又分为外抓式和内抓式两种；也可以采用负压式或真空式的空气吸盘（主要用于吸光滑表面的零件或薄板零件）和电磁吸盘。

② 腕部——连接手部和臂部的部件，通过调节方位，扩大机械手的动作范围。手腕有独立的自由度（关节），可实现回转运动、上下摆动、左右摆动等。通常，腕部设置回转运动及上下摆动即可满足一般的工作要求。

③ 臂部——支撑腕部和手部（包括夹具）及带动它们做空间运动的部件。

臂部运动的目的是把手部送到空间运动范围内任意一点；若要改变手部的姿态（方位），

则通过腕部的自由度（关节）加以实现。通常，臂部必须具备三个自由度（关节）才能满足基本要求，即手臂的伸缩、左右旋转、升降（或俯仰）运动。

平面关节型机械手是应用最为广泛的机械手类型之一。平面关节型机械手的外观如图 1-7 所示，其结构如图 1-8 所示。

图 1-7　平面关节型机械手的外观

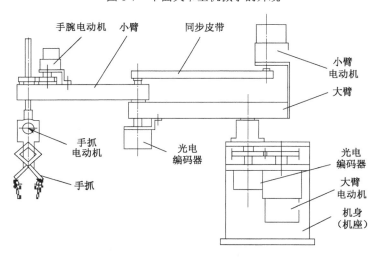

图 1-8　平面关节型机械手结构示意图

平面关节型机械手主要有下列结构。

① 执行机构：主要包括 3 个旋转关节（分别控制机械大臂和小臂旋转以及手抓张合）和 1 个移动关节（控制手腕伸缩）。

② 驱动-传动机构：各关节均采用直流电动机（电动式）作为驱动装置，在机械大臂和小臂的旋转关节上还装配有增量式光电编码器，提供半闭环控制所需的反馈信号。

③ 控制系统：各关节直流电动机的运动控制均采用 PLC——单片机——运动控制芯片的控制方式。操作程序从 PLC 输入，通过 PLC 和单片机之间的双向通信实现位置或速度命令的输送，运动控制芯片接收来自单片机的位置、速度或加速度指令，经过内部运算，读取速度、加速度等数值并输出，输出信号经功率放大后控制直流电动机的正、反转和停止。因此，只要编制了能满足运动控制要求的软件（或程序），就可实现对机械手的速度、位置以及四关节的联动控制。单个关节直流电动机伺服驱动控制系统如图 1-9 所示。

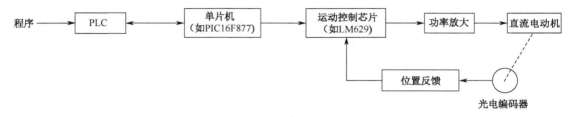

图 1-9　单个关节直流电动机伺服驱动控制系统

④ 检测系统：检测系统采用增量式光电编码器。由增量式光电编码器检测直流电动机的实际位置，其输出信号经位置检测进行解码后，形成位置反馈值，反馈值与指令值的比较经运动控制芯片运算，其差值作为输出信号驱动直流电动机运动到指定的位置，直至差值为零。另外，在进行位置控制的同时，还需对速度进行控制。

1.2.2　机电一体化系统的功能

1. 主功能

机电一体化系统的主功能是对物质、能量、信息及其相互结合进行变换、传递和存储的功能。

2. 检测功能

机电一体化系统的检测功能是系统内部信息的收集及反馈功能。

3. 控制功能

机电一体化系统的控制功能是根据系统内、外部信息对整个系统进行控制，使系统正常运行的功能。

4. 动力功能

机电一体化系统的动力功能是向系统提供动力，让系统得以正常运行的功能。

5. 构造功能

机电一体化系统的构造功能是使构成系统的各部分及其元器件维持所定的时间和空间上的相互关系所必需的功能。

机电一体化系统（或产品）必须具备上述 5 种功能。

1.3　机电一体化产品的种类

机电一体化产品（或系统）的种类繁多，这里仅介绍按功能和按用途的分类。

1.3.1　按功能来划分

1．数控机械类

在机械设备上采用电子控制设备来实现高性能和多功能的机电一体化产品（或系统），如数控机床、工业机器人、发动机控制系统和自动洗衣机等。

2．电子设备类

利用现代先进的电子设备来取代原机械设备工作的机电一体化产品（或系统），如电火花加工机床、线切割加工机床、超声波缝纫机等。

3．机电结合类

机械设备与电子设备有机结合的机电一体化产品（或系统），如无整流子电动机、电子缝纫机、电子打印机等。

4．信息处理类

机械设备与信息设备有机结合的机电一体化产品（或系统），如电报机、磁盘存储器、磁带录像机、录音机和复印机、传真机等办公自动化设备。

5．其他类

如以伺服装置为主的电液伺服类、以检测设备为主的检测类等。

1.3.2　按用途来划分

1．生产用类

如数控机床、工业机器人、柔性制造系统（FMS）、计算机集成制造系统（CIMS）、自动组合生产单元等。

2．运输、包装及工程用类

如微机控制机车、数控运输机械及工程机械设备、数控包装机械系统等。

3．存储、销售用类

如自动仓库、自动空调制冷系统、自动称量和分选、销售及现金处理系统等。

4．社会服务用类

如自动化办公设备、医疗和环保及公共服务自动化设施、文教和体育、娱乐设备、设施等。

5. 家庭用类

如炊具自动化设备、家庭用信息及服务设备、微机控制耐用消费品等。

6. 科研及过程控制用类

如测试设备、信息处理系统等。

7. 其他用类

如航空、航天、国防及农、林、牧、渔等用的设备、设施。

1.4 机电一体化技术的发展概况

1.4.1 机电一体化技术的发展历程

机电一体化技术的发展历程可分为三个阶段：萌芽阶段、蓬勃发展阶段和智能化阶段。

1. 萌芽阶段

萌芽阶段为 20 世纪 70 年代以前，随着电子技术的迅速发展不断地完善机械产品的性能，为第二阶段的迅速发展起到了积极的作用。

2. 蓬勃发展阶段

蓬勃发展阶段从 20 世纪 70 年代到 80 年代，随着计算机技术、控制技术、通信技术的发展，为机电一体化的发展奠定了技术基础，从而使机电一体化技术在各个方面都得到了迅猛的发展。

3. 智能化阶段

从 20 世纪 90 年代后期开始，机电一体化技术向着智能化阶段迈进。由于人工智能技术及网络技术等领域取得巨大进步，大量的智能化机电一体化产品不断涌现。

【例 1-3】 汽车技术的发展

20 世纪 60 年代，开始研究在汽车产品中应用电子技术；70 年代前后，实现了充电机电调压器和点火装置的集成电路化，并开始使用电子控制的燃料喷射装置（电喷系统）；70 年代后期，计算机技术迅速发展，并应用到汽车产品上。例如汽车发动机系统，安装在汽车上的微型计算机通过各个传感器检测出曲轴位置、汽缸负压、冷却水温度、发动机转速、吸入空气量、排气中的氧浓度等参数，然后进行分析、处理并发出最佳的控制信号，控制驱动执行机构调整发动机燃油与空气的混合比例、点火时间等，使发动机获得最佳技术、经济性能。20 世纪 90 年代，由于网络技术的发展，在汽车上引入自动导航系统（GPS）、车身稳定控制系统（VSC）、防抱死制动系统（ABS）及视频设备等智能化设备、设施，使现代化的汽车在高速稳定、安全可靠、操作方便、乘坐舒适、低油耗、少污染及易于维修等方面得到大幅度的改善。

1.4.2 机电一体化技术对机械系统的影响

机电一体化技术对机械系统的影响主要有以下几个方面。

（1）机械系统在原基础上采用微型计算机控制装置，从而使系统的性能提高、功能增强。

例如，模糊控制的洗衣机能根据衣物的洁净程度自动调节、控制整个洗涤过程，从而实现节时、节水、节电、节洗涤剂等功能。

（2）电子装置逐步代替机械传动装置和机械控制装置，以简化结构，增强控制的灵活性。

例如，数控机床的进给系统采用伺服系统，从而简化了传动链，提高了进给系统的动态性能；另外，用电子装置的无刷电动机代替具有电刷的传统电动机，具有性能可靠、结构简单、尺寸小等优点。

（3）电子装置完全代替原执行信息处理功能的机构，可简化结构，大大地丰富了信息传输的内容，并提高了传输速度。

例如，石英电子钟表、电子秤、按键式电话等。

（4）电子装置代替机械的主功能，形成特殊的加工能力。

例如，电火花加工机床、线切割加工机床、激光加工机床等。

（5）机电技术完全融合形成新型的机电一体化产品。

例如，生产机械中的激光切割机；信息机械中的传真机、打印机、复印机；检测机械中的CT 扫描诊断仪、扫描隧道显微镜等。

1.4.3　机电一体化的发展趋势

1. 机电一体化的智能化趋势

人工智能在机电一体化技术中日益得到重视。机电一体化的智能化趋势应包括以下几个方面。

（1）自动编程的智能化。

操作者只需要输入被加工工件的形状和需要加工的形状等方面的数据，加工程序就可全部自动生成。

① 材料形状和加工形状的图形显示。

② 自动加工工序的确定。

③ 使用切削刀具和切削条件的自动确定。

④ 切削刀具使用顺序的变更。

⑤ 任意路径的编辑。

⑥ 加工过程干涉、校验等。

（2）人机接口的智能化。

（3）诊断过程的智能化。

（4）加工过程的智能化。

2. 机电一体化的系统化发展趋势

系统化的表现特征之一是系统体系结构进一步采用开放式和模式化的总线结构。系统可以灵活组态，进行任意组合，同时寻求实现多坐标、多系列控制功能。

3. 机电一体化的高性能化发展趋势

高性能化一般包含高速、高精度、高效率和高可靠性。

4．机电一体化的轻量化及微型化发展趋势

对于机电一体化产品，除了机械主体部分以外，其他部分均向轻量化及微型化发展，特别是电子技术，使电子设备进一步朝着小型化、轻量化、多功能、高可靠方向发展。

训练项目1：参观自动生产流水线

1．训练目的

通过参观相关的生产企业，了解机电一体化系统在产品生产中（特别是自动生产流水线）的应用，进一步理解、掌握机电一体化系统的基本结构及其功能等。

2．训练内容

到相关的生产企业参观产品的自动生产流水线，主要了解产品的生产工艺流程及其应用自动化的程度。

【例1-4】 包装自动流水线及工艺流程（图1-10、图1-11）

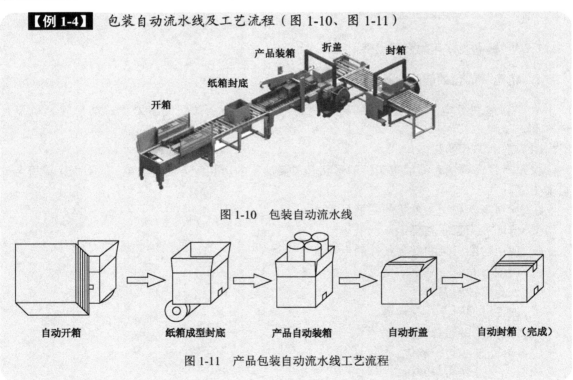

图1-10　包装自动流水线

图1-11　产品包装自动流水线工艺流程

3．注意事项

（1）参观前应进行安全教育。

（2）组织参观要做好细致的准备工作，如事先了解现场环境、安排参观位置等，以保证安全、不影响生产为前提，以确保教学效果为原则。

（3）努力提高理论联系实际的能力，了解知识在生产实际中的应用，虚心向有实践经验的工人和技术人员学习。

4．思考

（1）列出本次参观的自动生产流水线的工艺流程。

（2）比较本次参观的产品生产在应用自动生产流水线前、后的工作。

（3）总结本次参观的认识、收获。

本章小结

● 机电一体化的产品（或系统）具有多功能、综合性强、高智能化、高效率和高可靠性等特点。

● 机电一体化系统通常是由机械部分、控制及信息处理部分、动力部分、传感检测部分、驱动部分等构成。

● 机电一体化技术与传统机电技术的区别在于工业计算机的引进，或者说计算机在工业上的应用和使用。

● 机电一体化产品的主要特征有整体结构的最佳化、系统控制的智能化和操作性能的柔性化。

● 机电一体化产品的种类繁多，通常是按功能或用途进行分类。

● 机电一体化技术的发展历程可分为萌芽阶段、蓬勃发展阶段和智能化阶段。

● 机电一体化的发展趋势包括智能化、系统化、高性能化、轻量化及微型化等。

● 机电一体化技术正在不断发展和完善。

习题 1

1.1　填空题

1．机电一体化是在_____功能、_____功能、_____功能和_____功能上引进_____技术，并将机械装置与电子设备以及_____有机结合而构成的系统的总称。

2．机电一体化包含_____与_____两个方面的内容。

3．在机电一体化系统中，通过_____实现系统中各部分的有机联系。

4．接口包含_____、_____、_____等。

5．机电一体化技术是将_____作为系统的核心部件。

6．伺服驱动技术是指_____。

7．机电一体化技术的重点是将_____作为重要控制部件应用和使用，将_____对机电一体化装置进行系统分析和性能测算。

8．机电一体化产品的主要特征有_____、_____、_____。

9．根据系统的控制要求，_____向系统提供能量和动力以确保系统能正常运行；并输入获得_____输出。

10．动力部分的功能是指向系统提供_____，让系统得以正常运行的功能。

1.2　是非题

1．机电一体化的实质是机械学和电子学两个学科的综合构成。　　　　　　　　（　　）
2．机械技术是机电一体化的基础。　　　　　　　　　　　　　　　　　　　（　　）
3．接口技术是系统总体技术中的一个重要方面。　　　　　　　　　　　　　（　　）
4．传感检测是对系统在运行过程中的内外各种参数及状态进行检测，并转换成信息或信号。　　　　　　　　　　　　　　　　　　　　　　　　　　　　　　　　　（　　）
5．机械部分通常是指机械结构装置。　　　　　　　　　　　　　　　　　　　（　　）
6．各种技术要素内部及其之间，是通过电路耦合来实现运动传递的。　　　　　（　　）
7．机电一体化技术的实质是自动控制技术的应用。　　　　　　　　　　　　　（　　）
8．检测功能是系统内部信息的收集及反馈的功能。　　　　　　　　　　　　　（　　）
9．控制功能是根据系统内、外部信息对整个系统进行控制，确使系统正常运行的功能。

　　　　　　　　　　　　　　　　　　　　　　　　　　　　　　　　　　　（　　）

10．构造功能是使构成系统的各部分及其元器件维持所定的时间和空间上的相互关系所必需的功能。　　　　　　　　　　　　　　　　　　　　　　　　　　　　　　　（　　）

1.3　选择题

1．机电一体化产品包含（　　　）。
　　A．机电一体化装置　　　　　　B．机电一体化系统　　　　　C．A 和 B
2．（　　　）技术成为机电一体化技术中最为关键的技术部分。
　　A．传感检测　　　　　　　　　B．信息处理　　　　　　　　C．自动控制
3．（　　　）部分控制整个系统正常、稳定地运行。
　　A．传感检测　　　　　　　　　B．驱动　　　　　　　　　　C．控制及信息处理
4．机械部分通常是指（　　　）装置。
　　A．机械传动　　　　　　　　　B．机械结构　　　　　　　　C．A 和 B
5．（　　　）是指对物质、能量、信息及其相互结合进行变换、传递和存储的功能。
　　A．主功能　　　　　　　　　　B．检测功能　　　　　　　　C．控制功能
6．机电一体化技术引进计算机作为系统的核心部件应用和使用，目的是（　　　）。
　　A．根据实际需要　　　　　　　B．提高劳动生产率
　　C．提高和改善整个系统的性能
7．机电一体化产品的主要特征有整体结构的最佳化和（　　　）。
　　A．系统控制的智能化　　　　　B．操作性能的柔性化　　　　C．A 和 B

1.4　简答题

1．什么是机电一体化？
2．机电一体化技术的关键技术有哪些？
3．试述机械技术与精密机械技术的关系。
4．机电一体化系统的核心是什么？
5．试述机电一体化技术与传统机电技术的区别。
6．试述机电一体化技术与自动控制技术的区别。

7．机电一体化产品有哪些特征？

8．简述机电一体化系统的结构及其各部分的作用。

9．机电一体化系统有哪些功能？

10．简述机电一体化的智能化趋势应包括哪些方面？

11．智能化的自动编程应包含哪些内容？

第2章 机电一体化的相关技术

学习目标

本章主要介绍组成机电一体化系统或产品的共性关键技术及主要元器件。通过本章的学习，应能掌握、理解机电一体化系统或产品的各关键技术及主要元器件的作用，了解各类元器件的外形，并通过训练，基本掌握机电一体化系统或产品的部分关键技术（自动化控制、检测与传感器技术）在实际工作中的使用。

主要内容

- 自动化控制技术；
- 检测与传感器技术；
- 计算机与信息处理技术；
- 执行及驱动技术；
- 精密机械技术；
- 总体设计技术；
- 接口技术。

2.1 自动化控制技术

2.1.1 概念

自动化控制（简称自动控制）是指在没有人的直接参与下，利用控制装置（控制器）使被控制的对象（如机器设备或生产过程）自动按预先设定的顺序步骤（程序）运行，并能够克服各种干扰，自动进行必要的调节控制。

【例2-1】 自动洗衣机

工作过程：人们首先将要洗的衣物和洗涤剂放到洗衣机的洗衣桶内，调整洗衣机的控制器来选择合适的洗衣方式（程序），按下洗衣机的启动按钮，洗衣机即按预先设定的顺序步骤自动运行，完成进水→洗涤→…→放水→重新进水→漂洗→…→放水→甩干等步骤。

自动控制是一门理论性很强的工程技术，称为"自动化控制技术"。在实际中，不论是现代化的工业、农业、国防和科学等领域，还是日常的生活中，自动化控制技术均得到极为广泛的应用。

自动化控制技术的关键是控制装置（控制器）。常用的控制装置有继电器控制装置、半导体继电器控制装置、可编程控制器（计算机）、变频器等。

2.1.2 继电器控制装置

继电器控制装置是利用各种按钮开关和交流接触器等元器件的触点来实现控制的。

按钮开关如图 2-1 所示。

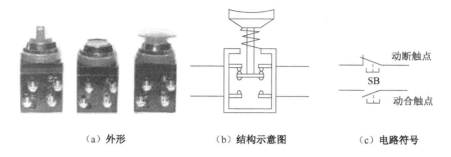

（a）外形　　　　　　（b）结构示意图　　　　　（c）电路符号

图 2-1　按钮开关

交流接触器如图 2-2 所示。

（a）外形

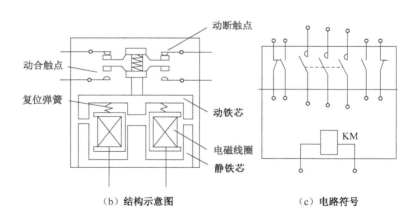

（b）结构示意图　　　　　　　　（c）电路符号

图 2-2　交流接触器

【例 2-2】　三相异步电动机点动运行电路

如图 2-3 所示的电路控制装置是由熔断器 FU1 和 FU2、按钮开关 SB、交流接触器 KM 等组成的。

工作过程：合上电源开关 QS，按下按钮开关 SB，接触器 KM 因电磁线圈通电吸合，导致接触器 KM 主触点闭合，从而实现对三相异步电动机的启动控制工作。

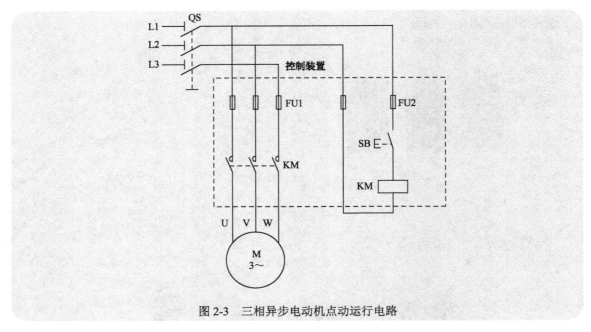

图 2-3　三相异步电动机点动运行电路

2.1.3　半导体继电器控制装置

半导体继电器控制装置是利用半导体器件（二极管、三极管及集成电路）的特性和直流继电器等器件来实现无触点的控制的。

二极管如图 2-4 所示。

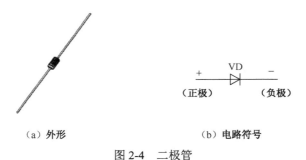

（a）外形　　　　　　　　　　　　　（b）电路符号

图 2-4　二极管

三极管如图 2-5 所示。

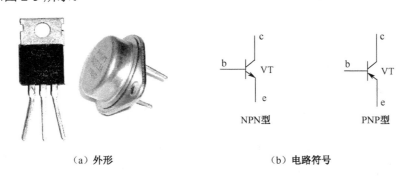

（a）外形　　　　　　　　　　　　　（b）电路符号

图 2-5　三极管

集成电路如图 2-6 所示。

直流继电器如图 2-7 所示。

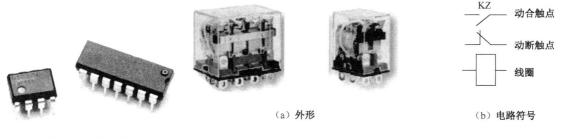

（a）外形　　　　　　（b）电路符号

图 2-6　集成电路　　　　　　　图 2-7　直流继电器

【例 2-3】　自锁控制部分电路

如图 2-8 所示电路的控制装置由按钮开关 SB、直流继电器 KZ、二极管 VD1、VD2、VD3、VD4 和限流电阻 R1、R2 等组成。

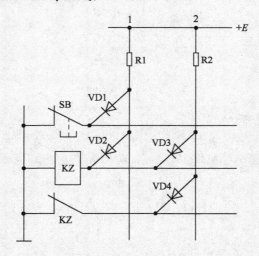

图 2-8　半导体继电器控制——自锁控制部分电路

工作过程：接通电源+E；由于按钮开关 SB 和继电器触点 KZ 闭合，二极管 VD1 和 VD4 导通，使支路 1 和 2 的电流旁路，继电器 KZ 线圈不通电不动作；按下按钮开关 SB，二极管 VD1 截止，支路 1 的电流通过限流电阻 R1 和二极管 VD2（导通），使继电器 KZ 线圈通电吸合；同时继电器触点 KZ 断开，支路 2 的电流通过限流电阻 R2 和二极管 VD3（导通），使继电器 KZ 线圈保持通电吸合，起自锁作用，实现自锁控制。

2.1.4　可编程控制器

可编程控制器简称为 PLC，由大规模集成电路构成，综合了计算机技术和信息技术等多种技术，是一种专门应用于工业环境下的控制装置。可编程控制器具有继电器控制和半导体继电器控制（无触点控制）无法比拟的优点，能够完成它们无法胜任的工作。

可编程控制器如图 2-9 所示。

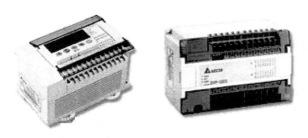

（a）外形

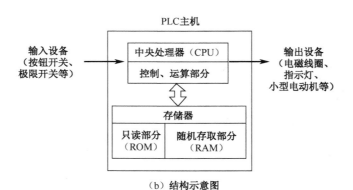

（b）结构示意图

图 2-9　可编程控制器

【例2-4】　自锁控制部分电路

如图 2-10（a）所示的电路由 PLC 主机、输入设备（按钮开关 SB1 和 SB2）、输出设备（接触器线圈 KM 和工作指示灯 HL）等组成，控制装置是 PLC 主机。

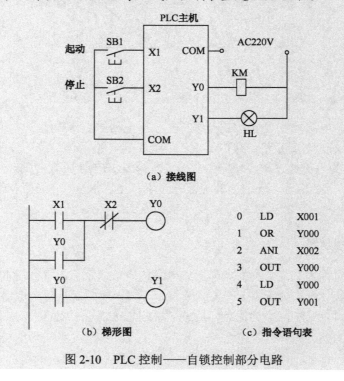

（a）接线图

（b）梯形图　　　　（c）指令语句表

图 2-10　PLC 控制——自锁控制部分电路

工作步骤：通过编程器（手编器或键盘）输入根据要求编写的程序［梯形图或指令语句表等如图 2-10（b）、图 2-10（c）所示］，按接线图连接 PLC 主机与输入设备（按钮开关 SB1 和 SB2）、输出设备（接触器线圈 KM 和工作指示灯 HL）等电路。检查无误，通电试验。按下按钮开关 SB1，接触器线圈 KM 通电吸合和工作指示灯 HL 发亮，并能实现自锁控制；按下按钮开关 SB2 能实现设备及元部件的复位。

由于可编程控制器采用了程序编写和程序存储的方式，在工业需求改变时，只要改变程序就可达到目的，这可大大减少为达到同一目的而需要增加的元部件和连接线路。另外，可编程控制器还具有可靠性高、使用方便、维护容易等特点。

2.1.5　变频器

变频器是一种将固定频率的交流电变换成频率、电压均连续可调的交流电，以控制电动机运行的装置。变频器采用电力半导体器件来实现无触点的控制。电力半导体器件有电力晶体管（GTR）、绝缘栅双极晶体管（IGBT）、智能功率模块（IPM）等。变频器具有瞬时过电流（短路）保护、过载保护、瞬时停电保护、对地过电流（短路）保护、冷却风机异常（过热）保护、再生过电压保护等多种对变频器和电动机的保护以及程序控制、PID 调节等功能，通过对变频器的编程可实现电动机的正转、反转、升速、降速等控制。

变频器的外形及构成如图 2-11 所示。

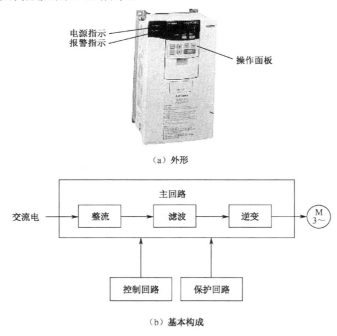

（a）外形

（b）基本构成

图 2-11　变频器的外形及构成

训练项目 2：电动机正反转控制

1. 训练目的

通过训练，掌握继电器控制、半导体继电器控制、可编程序控制三种控制方式及其应用；

初步掌握电动机正反转控制（继电器控制、半导体继电器控制、可编程序控制三种控制方式）的工作原理或过程；能比较继电器控制、半导体继电器控制、可编程序控制三种控制方式的特点。

2．训练内容

（1）电动机正反转控制——继电器控制

电路如图 2-12 所示。

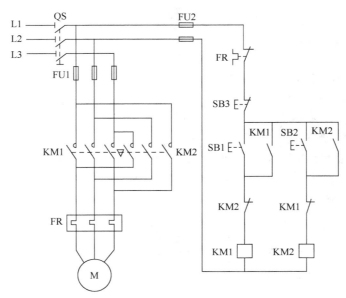

图 2-12　电动机正反转控制（继电器控制）

设备、材料见下表。

名　　称	英文名称	规　　格	数　　量
自动空气开关	QS	C45 或 DZ47	1 只
熔断器	FU1、FU2	RL6-15/3	5 只
热继电器	FR	JR16-20/3	1 只
交流接触器	KM1、KM2	CJ10-10　380V	2 只
按钮开关	SB1、SB2、SB3	LA10-3H	1 只
三相异步电动机	M	小型、380V	1 台
三相交流电源	L1、L2、L3	380V	
绝缘导线		1mm²、单支（单股）	若干
万用表		指针式或数字式	1 台
常用电工工具			1 套

训练步骤

① 熟悉各元件及安装部位或位置；

② 按图 2-12 所示连接电路；

③ 接线完毕，应检查确认无误；

④ 在指导老师的指导下，合上自动空气开关 QS，接通电源；

⑤ 分别操作按钮开关 SB1、SB2、SB3，观察电动机的正、反转控制。

思考：

为什么在交流接触器 KM1 线圈的前面串接一个常闭触点 KM2？同样，为什么在交流接触器 KM2 线圈的前面串接一个常闭触点 KM1？

【例 2-5】 继电器控制电动机正、反转电路（参考）

实物连接如图 2-13 所示。

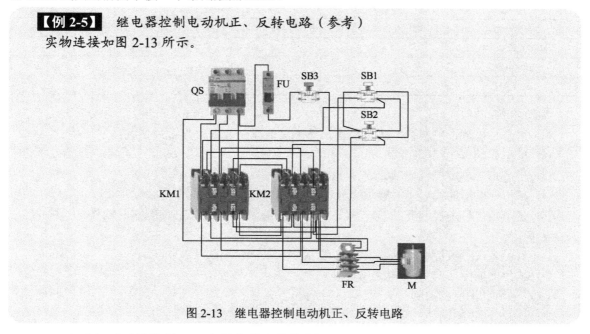

图 2-13　继电器控制电动机正、反转电路

（2）电动机正反转控制——半导体继电器控制

电路如图 2-14 所示。

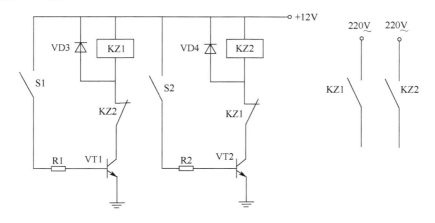

图 2-14　电动机正反转控制（半导体继电器控制）

设备、材料见下表。

名　称	英文名称	规　格	数　量
直流继电器	KZ1、KZ2	欧姆龙 小型继电器 12V5A	2 只
扭子拨动开关	S1、S2	小型 单掷	2 只

续表

名　　称	英文名称	规　　格	数　量
三极管	VT1、VT2	9014	2只
二极管	VD3、VD4	1N4001	2只
电阻	R1、R2	560kΩ 1/4W	2只
万用表		指针式	1台
直流电源		12V	
焊接工具和材料		15～25W 焊锡丝 松香	
万能印刷板			1块
连接导线			若干

训练步骤：

① 检查二极管、三极管，确定极性，熟悉其他元件及安装部位或位置；

② 按图2-14焊接电路；

③ 焊接完毕，应检查确认无误；

④ 在指导老师的指导下，接通电源；

⑤ 分别操作扭子拨动开关S1、S2，观察正反直流继电器KZ1、KZ2的动作。

思考：

① 为什么在直流继电器KZ1、KZ2线圈并联二极管VD3、VD4？

② 试分析如图2-14所示电路可实现电动机正、反转控制。

（3）电动机正反转控制——可编程序控制

接线图和程序如图2-15所示。

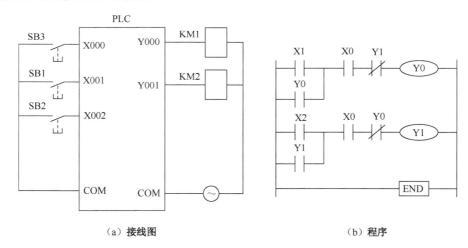

（a）接线图　　　　　　　　　　（b）程序

图2-15　电动机正反转控制（可编程序控制）

设备、材料见下表。

名　　称	英文名称	规　　格	数　量
PLC主机		三菱 FX2N-16MR	1台
编程器及附件	手编器	三菱 FX-20P	1部
交流接触器	KM1、KM2	CJ10-10　380V	2只

续表

名　　称	英文名称	规　　格	数　　量
按钮开关	SB1、SB2、SB3	LA10-3H	1 只
交流电源		380V	
绝缘导线		1mm²、多支（多股）软线	若干
万用表		指针式或数字式	1 台
常用电工工具			1 套

训练步骤：

① 熟悉 PLC 主机面板及手编器的使用；

② 按图 2-15（a）连接电路，接线完毕，应检查确认无误；

③ 将图 2-15（b）所示程序转换为指令语句并通过手编器输入，检查确认程序无误；

④ 在指导老师的指导下，接通电源；

⑤ 分别操作按钮开关 SB1、SB2、SB3，观察正反交流接触器 KM1、KM2 的动作。

思考：

试归纳三种控制方式（继电器控制、半导体继电器控制、可编程序控制）的特点。

【例 2-6】 可编程序控制电动机正、反转控制（参考）

实物连接如图 2-16 所示。

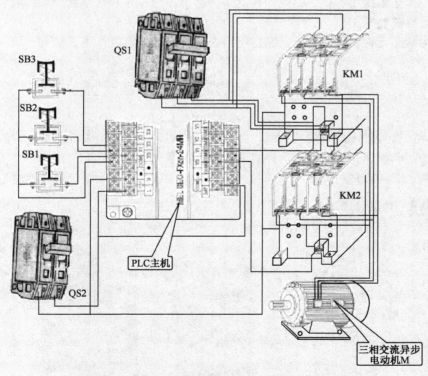

图 2-16　可编程序控制电动机正、反转控制电路

3．注意事项

（1）连接电路后，重点检查导线与触点压接是否牢固，接触是否良好，以避免在带负载运

行时产生闪弧现象。

（2）通电前，应用万用表检查电路有无短路。

（3）遵守各项安全规章制度，严禁随意通电运行。

2.2　检测与传感器技术

2.2.1　概念

机电一体化系统在运行中必须及时了解运行过程中的各种有关的信息，这就需要检测与传感技术。检测与传感技术相当于人类靠视觉、听觉、嗅觉、味觉和触觉等感觉器官来感受和接受外界信息，它是机电一体化系统的关键技术之一。

完成运行过程中各种有关信息的检测的装置或部件是传感器。

2.2.2　传感器

传感器可以将各种不同形式的输入量转换成所需的输出量。输入量是一种被测量，可以是物理量、化学量或生物量等；输出量多数为物理量，因物理量具有便于传输、转换、处理、显示等特点。

在机电一体化系统中的传感器是一种能够检测出各种各样的物理量、化学量等并转换成相应电信号的部件或装置。

传感器由敏感元件、转换环节、输出电路3个基本部分组成（图2-17）。

图 2-17　传感器的基本组成

敏感元件：直接检测或感受被测量，并输出与被测量成一确定关系的某一中间量或参数。

转换环节：将敏感元件的输出转换成相应的中间量或参数。

输出电路：将转换环节输出的中间量或参数转换成一定形式的电量或控制输出。

【例 2-7】　位置传感器

如图 2-18 所示为一种位置传感器的结构示意图。

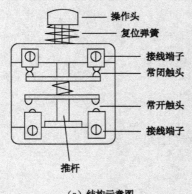

（a）结构示意图　　　　　　　　　　（b）外形

图 2-18　位置传感器结构示意图

工作过程：当操作头（敏感元件）检测或感受到位置变化而带来的压力（被测量）时，就产生一个直线力矩（中间量），通过推杆（转换环节）转换成一个机械直线移动量（中间量），使常闭触头断开、常开触头闭合，即可接通或切断电路，相当于输出一个信号（输出量）控制电路的通或断。

2.2.3　传感器的种类

1. 位置传感器

位置传感器通过检测或感受来确定被测物体是否到达所需的位置，并输出信号使系统的运行状态发生变化。

位置传感器包括微动开关、极限（行程）开关、直线光栅、玻璃光栅等（图 2-19）。

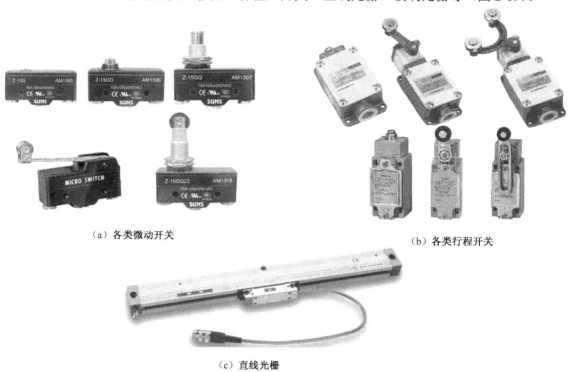

（a）各类微动开关　　　　　　　　　　　（b）各类行程开关

（c）直线光栅

图 2-19　各种位置传感器

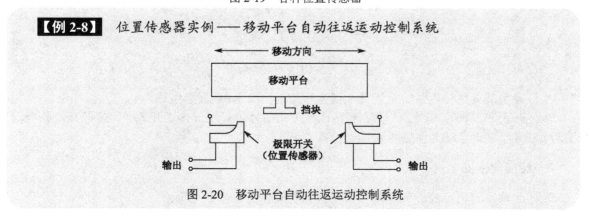

【例 2-8】　位置传感器实例——移动平台自动往返运动控制系统

图 2-20　移动平台自动往返运动控制系统

系统如图 2-20 所示，由移动平台及挡块、极限开关（位置传感器）等组成。

移动平台的直线移动范围是在两个极限开关的检测头之间。在移动平台移动过程中，当挡块接触到极限开关的检测头时，极限开关就会输出信号，通过控制装置使移动平台返回，从而使移动平台往返于两个极限开关的检测头之间。

2. 位移传感器

位移传感器将线位移或角位移变换成相应的信号输出。

位移传感器包括磁传感器、接近开关、磁开关、容量型变位计、涡流变位计等，如图 2-21 所示。

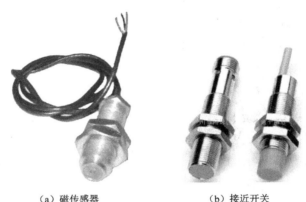

（a）磁传感器　　　　　　　　（b）接近开关

图 2-21　位移传感器

【例 2-9】　位移传感器实例——工件计数装置

工件计数装置如图 2-22 所示。

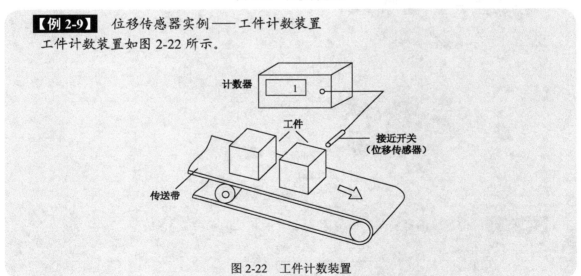

图 2-22　工件计数装置

工件计数装置由传送带、接近开关（位移传感器）、计数器等组成。

接近开关安置在传送带的一侧，当传送带带动工件运行经过接近开关时，接近开关就会输出脉冲信号，并送至计数器进行累加计数。

3. 转速传感器

转速传感器将机械的旋转运动（转速）转换成相应的电信号输出。

转速传感器包括速度计、脉冲编码器、接近开关等，如图 2-23 所示。

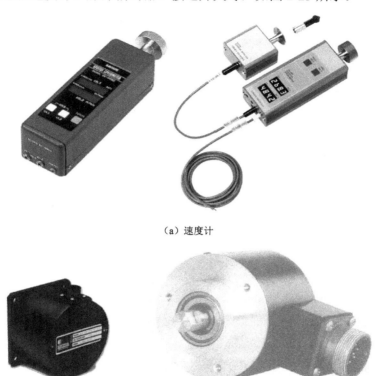

（a）速度计

（b）脉冲编码器

图 2-23　转速传感器

【例 2-10】　转速传感器实例——数控车床进给速度检测装置

数控车床进给速度检测装置如图 2-24 所示。

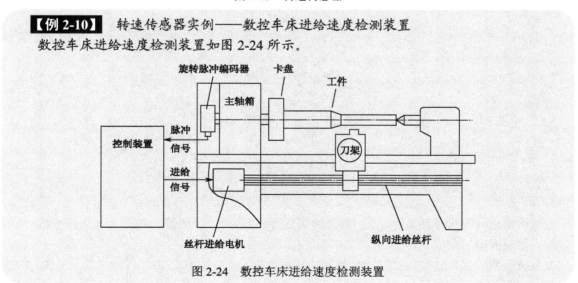

图 2-24　数控车床进给速度检测装置

将旋转脉冲编码器安装在数控车床的主轴上，用于检测主轴的转速。当电动机拖动主轴旋转时，旋转脉冲编码器将旋转的速度转换成脉冲信号，经控制装置处理后输出进给信号给丝杆进给电机，控制数控车床纵向进给速度，进行工件的加工。

4．角度传感器

角度传感器将转角的变化（角位移）转换成相应的信号输出。

角度传感器包括旋转变压器、光电编码器、感应传感器、磁编码器等，如图 2-25 所示。

（a）旋转变压器　　　（b）光电编码器

图 2-25　角度传感器

【例 2-11】　角度传感器实例——专用钻床转角进给系统

专用钻床转角进给系统如图 2-26 所示。

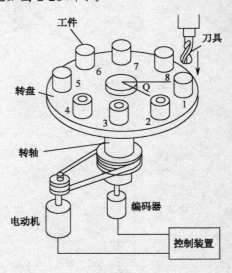

图 2-26　专用钻床转角进给系统

专用钻床转角进给系统由垂直刀架、盛装工件的转盘、编码器、控制装置（计算机）、电动机、传动机构等组成。

系统将编码器与转盘、转轴同轴相连。转盘上每个工件（如图 2-26 中 1～8 号工件）的位置都有一个编码与之相对应，则编码器在每一个转角位置 Q 上都有一个相应的固定编码输出。

当控制装置控制电动机通过传动机构（皮带轮与皮带）带动转轴、转盘旋转时，由于转轴、转盘与编码器同轴相连，使得编码器输出编码也随之变化。当加工到某工件时，转盘将工件转到加工点，编码器输出编码给控制装置使电动机停转，然后刀具对工件进行加工。

5. 温度传感器

温度传感器将温度的变化转换成相应的信号输出。

温度传感器包括热继电器、热电偶、电阻线测温计等，如图 2-27 所示。

（a）热继电器

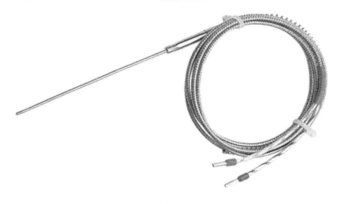

（b）热电偶

图 2-27　温度传感器

【例 2-12】　温度传感器实例——热电偶检测器

将两种不同材质的导体构成一个闭合回路，当两接点的温度不相同时，在闭合回路中就会产生相应的电动势和电流，其大小与两导体的材质及两接点的温度有关，而与闭合回路的形状、大小无关，这种现象称为热电效应。热电偶就是利用这一效应进行温度检测的。

热电偶检测器如图 2-28 所示。

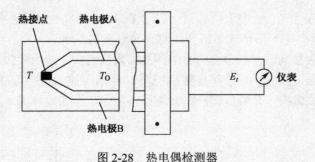

图 2-28　热电偶检测器

检测器将两种不同材料的导体作为热电极 A 和 B，两热电极 A 和 B 的焊接连接点为热接点（又称为热端），另一端是开路并通过导线与仪表连接，称为冷端；当冷端的温度 T_0 固定，把热端放进被测量的温度 T，在 T 与 T_0 存在温度差时，根据热电效应，闭合回路中就会产生电动势 E_t 和电流，通过仪表反映出温度值，从而完成温度的检测。

6．光量传感器

光量传感器将光转换成相应的信号输出。

光量传感器包括光电二极管、光电三极管、光导摄像管、CCD 图像传感器等，如图 2-29 所示。

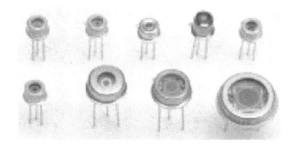

（a）光电二极管、光电三极管　　　　　　　　　（b）CCD 图像传感器

图 2-29　光量传感器

【例 2-13】　CCD 图像传感器实例——邮政编码识别系统

邮政编码识别系统如图 2-30 所示。

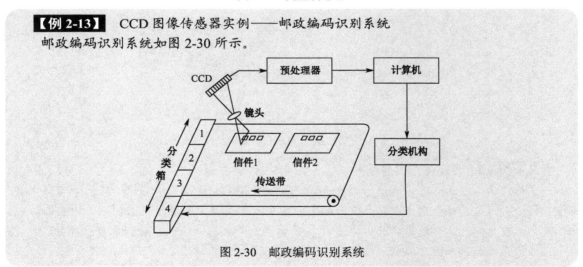

图 2-30　邮政编码识别系统

邮政编码识别系统由 CCD 图像传感器（包含 CCD 芯片和光学聚焦镜头）、预处理器、控制器（计算机）、分类机构、移动式多格分类箱、传送带等组成。

当信件随着传送带移动时，光学镜头将信件的邮政编码数字成像聚焦在 CCD 芯片上。编码数字信号经预处理和细化处理后与控制装置（计算机）中所存储的数字特征比较，并识别出数字。再由控制装置控制分类机构，分类机构控制分类箱移动，从而使信件送入相应的分类箱中。

7．其他传感器

其他传感器包括力传感器（压力传感器）、流量传感器、磁场传感器（霍尔传感器）、超声波传感器、红外线传感器等，如图 2-31 所示。

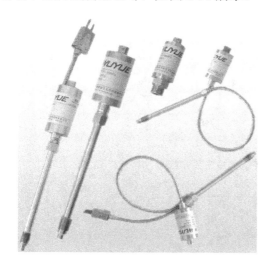

（a）压力传感器　　　　　　　　　　　　（b）流量传感器

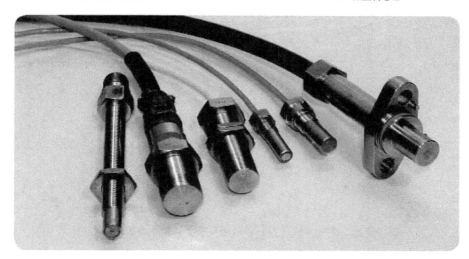

（c）磁场传感器（霍尔传感器）

图 2-31　其他传感器

训练项目 3：工作循环控制

1．训练目的

通过训练，进一步掌握继电器控制（自动化）技术，掌握检测与传感器技术及其应用，理解检测与传感的概念。

2．训练内容

工作循环控制——继电器控制工作台或传送带自动循环工作。

工作台（传送带）控制示意图如图 2-32 所示。电路如图 2-33 所示。

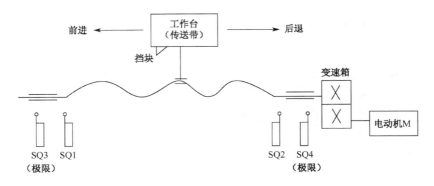

图 2-32　工作台（传送带）控制示意图

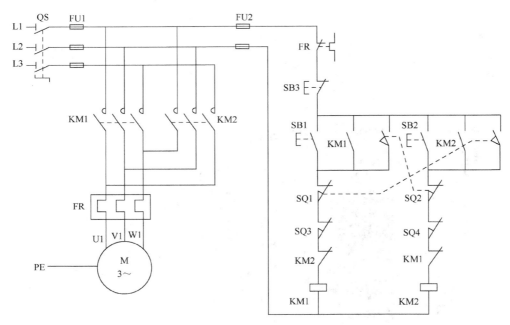

图 2-33　工作台（传送带）自动循环控制（继电器控制）电路

设备、材料见下表。

名　　称	英文名称	规　　格	数　　量
自动空气开关	QS	C45 或 DZ47	1 只
熔断器	FU1、FU2	RL6-15/3	5 只
热继电器	FR	JR16-20/3	1 只
交流接触器	KM1、KM2	CJ10-10　380V	2 只
按钮开关	SB1、SB2、SB3	LA10-3H	1 只
行程开关	SQ1、SQ2、SQ3、SQ4	LX19	4 只
三相异步电动机	M	小型、380V	1 台
三相交流电源	L1、L2、L3	380V	
绝缘导线		1mm² 、单支（单股）	若干
万用表		指针式或数字式	1 台
常用电工工具			1 套

训练步骤：

① 熟悉各元件及安装部位或位置。

② 按图 2-33 连接电路。

③ 接线完毕，应检查确认无误。

④ 在指导老师的指导下，合上自动空气开关 QS 接通电源。

⑤ 按下按钮开关 SB1，观察电动机的转动方向；撞击行程开关 SQ1，观察电动机的转动方向；同样，撞击行程开关 SQ2，观察电动机的转动方向。

⑥ 按下按钮开关 SB2，操作同⑤。

【例 2-14】 继电器控制电动机自动循环电路（参考）

实物连接如图 2-34 所示。

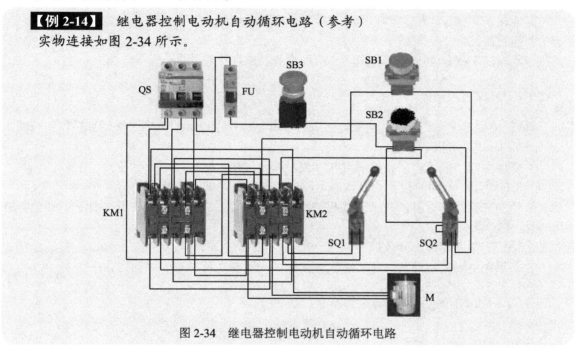

图 2-34　继电器控制电动机自动循环电路

3．注意事项

（1）连接电路后，重点检查导线与触点压接是否牢固，接触是否良好，以避免在带负载运行时产生闪弧现象。

（2）通电前，应用万用表检查电路有无短路。

（3）遵守各项安全规章制度，严禁随意通电运行。

4．思考

（1）如图 2-33 所示电路中的行程开关 SQ3、SQ4 起什么作用？

（2）试述工作台（或传送带）的自动循环过程。

（3）试采用可编程序控制方式完成工作台（或传送带）的自动循环过程。

2.3　计算机与信息处理技术

要使机电一体化系统中的各组成部分"柔和"结合、协调地工作，就需要一个控制中心（核心）。随着计算机的广泛应用，使得机电一体化系统在性能、功能、结构等方面都得到很大的变化和改善。因此，以计算机为核心的机电一体化系统成为日益趋向完善和成熟的系统。目前以计算机为控制核心的系统控制方式有工业控制计算机、可编程控制器、单片微型计算机三种。

2.3.1 工业控制计算机

工业控制计算机简称工控机，是满足工业环境使用要求及与工业过程控制相联系并可编程的数字计算机，其具有以下特点：

① 能处理数字量及开关量的信号；
② 能输入和输出电信号形式的物理量信号或过程信号；
③ 能及时测量、处理和输出数据；
④ 具有防干扰、防冲击、防振动、防潮湿等功能，可靠性高。

2.3.2 可编程控制器

可编程控制器简称为 PLC，是专为在工业环境下应用而设计的数字逻辑运算操作系统或工业用计算机。其具有以下特点：

① 采用面向过程语言，容易学习和掌握，编程方便；
② PLC 可用于不同的控制对象，通用性好，安装和调试工作量少；
③ 功能完善，具有各种与工业过程控制相关的功能（逻辑运算、定时、计数、通信与联网、数据处理等）；
④ 采用"集中管理、分散控制"的分布式控制网络，网络功能强大；
⑤ 采用光电隔离、屏蔽、滤波等抗干扰措施，可靠性高，抗干扰能力强；
⑥ 体积小、功耗低。

可编程控制器如图 2-9 所示。

2.3.3 单片微型计算机

单片微型计算机简称为单片机，在一块芯片上集中了一台计算机所具有的基本部分（CPU、ROM、RAM、I/O 接口、时钟发生器等），其具有以下特点：

① 结构简单、体积小；
② 信息传输总线（地址总线、数据总线、控制总线）在芯片内部，不易受外部或外界的干扰，可靠性好，抗干扰能力强；

③ CPU 能直接对 I/O 接口进行各种操作（输入/输出操作、位操作、算术逻辑操作等），控制功能强，运算速度高；

④ 内部功能强，系统扩展容易，调试、使用方便；

⑤ 由于单片机内部结构小而功能全，其他部件少，因此性能价格比高。

单片微型计算机如图 2-35 所示。

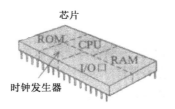 

图 2-35　单片微型计算机

2.3.4　三种控制系统的比较

工控机是在通用计算机的硬件及其软件基础上应用于工业生产过程控制的设备，因此工控机具有通用计算机所具有的特点：标准化程度高、兼容性强、数据快速处理和实时性强、大容量等，主要用于环境较好的场所。对工业现场的各种干扰（如温度和湿度的变化、电源的波动、机械的振动、电磁干扰等）若不采取有效的措施，将严重影响工控机的正常工作。

单片机实质是一块芯片大小的微型计算机，除应用于工业控制外，还可应用于科学计算、数据处理、计算机通信等方面。单片机具有体积小、运算速度快、存储容量大、配有较强的系统管理软件、具有丰富的程序设计语言等特点。单片机对环境的要求较高，主要应用于干扰小和具有一定温度及湿度要求的场所。另外，单片机对操作人员的要求较高，即必须掌握一定的计算机基本知识和操作知识。

PLC 是主要应用于工业环境下的专用计算机，可应用于恶劣的工业环境。另外，PLC 提供的编程语言较少，逻辑简单，操作人员易于学习和掌握；PLC 还具有简单的监控程序，能完成故障的检查和用户程序的输入、修改、执行与监视等功能；由于 PLC 使用的软件较少，编程简单，因此存储容量较小；而且 PLC 是专用设备，功能较少，故价格便宜。

2.3.5　信息处理技术

机电一体化系统中的控制器（计算机）与其他各个组成部分之间进行信号传输，是通过一个电路进行的，这个电路就是接口电路。其作用是将来自系统各部分的模拟信号变换为计算机所能识别和处理的数字信号，或将来自计算机的数字信号变换为对系统各部分进行控制的信号。因此，接口电路就是介于计算机与系统各部分之间对传输的信号进行处理的数字电子电路或模拟电子电路。接口电路如图 2-36 所示。

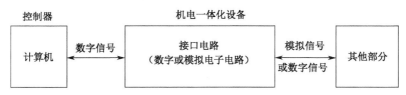

图 2-36　接口电路

【例 2-15】　信号处理过程

传感器将检测到的模拟量经接口电路中的模/数（A/D）转换器转换成控制器（计算机）所能接受的数字量后，计算机就能对其进行运算、分析、比较并输出，输出的数字量又经接口电路中的数/模（D/A）转换器转换成模拟量并放大去控制和驱动相关的设备（如电动机、继电器或电磁阀的线圈、指示灯等）。信号处理过程如图 2-37 所示。

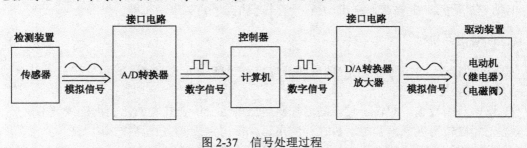

图 2-37　信号处理过程

2.4 执行及驱动技术

2.4.1 概念

机电一体化系统是以机器或机械装置为控制对象和以计算机为核心所组成的控制系统，因此受控量通常是机械的位移、速度、加速度以及工艺参数或生产过程等。系统是由计算机发出控制信号或指令，经信号变换及放大后驱动执行部分。常见的驱动执行形式有电动式、液压式、气动式和其他形式，相应的执行元件如图 2-38 所示。

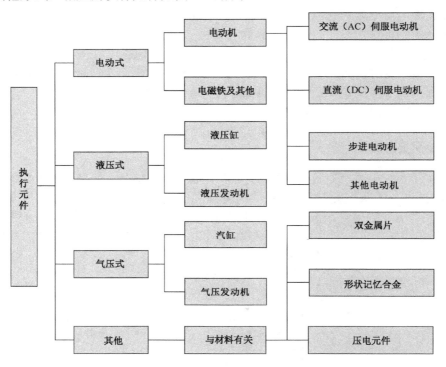

图 2-38 各种驱动执行元件

2.4.2 电动式

电动式又称电磁式，是利用电磁线圈将电能转换成电磁力，再通过电磁力做功带动负载，从而使电能变换成机械运动。

电动式执行元件主要有伺服电动机、步进电动机、力矩电动机等。

1. 伺服电动机

伺服电动机是一种将输入的电信号转换成电动机转轴上的角速度或角位移的执行电动机。其具有以下主要特点。

① 调速范围较宽，即转子转速随着控制电压的改变能在较宽的范围内连续调节。

② 无"自转"现象，即电动机在控制电压为零时能立即自行停转。

③ 机械特性和调节特性均为线性，从而提高了系统的动态精度。

④ 快速响应，机电时间常数较小。

⑤ 控制功率小，过载能力强，可靠性好。

伺服电动机按其使用电源的性质不同，可分为直流伺服电动机和交流伺服电动机两大类，如图 2-39 所示。

（a）直流伺服电动机　　　　　　　　　　　　　　　　（b）交流伺服电动机

图 2-39　伺服电动机

【例 2-16】　**直流伺服驱动系统**

直流伺服驱动系统方框原理图如图 2-40 所示。

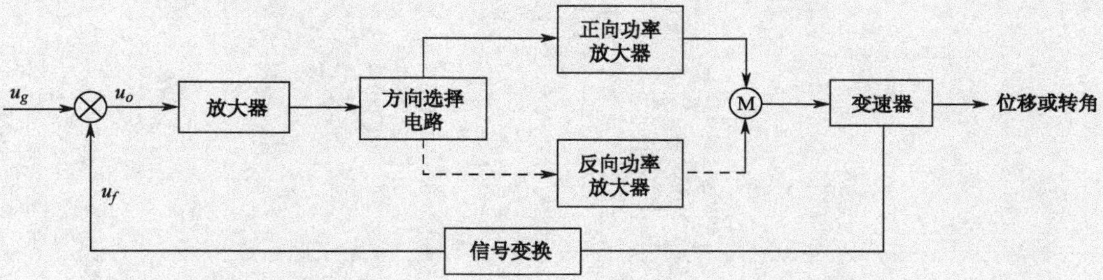

图 2-40　直流伺服驱动系统方框原理图

直流伺服驱动系统由比较环节、放大器、方向选择电路、正反方向功率放大器、直流伺服电动机 M、变速器、信号变换环节等组成。

由控制装置输送来的基准信号 u_g 与反馈信号 u_f 比较，产生偏差信号 u_o；偏差信号经放大器放大后输送到方向选择电路，再由方向选择电路根据 u_o 的极性决定是向哪个方向的功率放大器输送信号，并由功率放大器输出的信号大小决定直流伺服电动机的位移量或转角量；最后通过变速器带动负载及形成反馈。

2. 步进电动机

步进电动机是一种将输入的电脉冲信号转换成电动机转轴上角位移的执行电动机。每输入一个电脉冲，步进电动机的转轴就会转动一个角度，因此，步进电动机又称为脉冲电动机。步进电动机主要具有以下特点。

① 转子转角的大小与输入脉冲数严格地成比例，即每输入一个脉冲，经分配电路和功率放大电路后使转子相应转动一个角度（或称为一步）。

② 转子转速随输入脉冲频率成正比例变化。因此，改变输入脉冲频率，即可实现电动机

的无级调速。

③ 通过控制输入脉冲顺序可实现转子的正、反方向转动。

④ 转子的转动惯量很小，有较好的快速性。

⑤ 输出转角精度较高。

步进电动机如图 2-41 所示。

图 2-41　步进电动机

【例 2-17】　三相步进电动机驱动系统

三相步进电动机驱动系统方框原理图如图 2-42 所示。

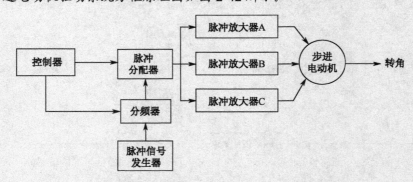

图 2-42　三相步进电动机驱动系统方框原理图

三相步进电动机驱动系统由脉冲信号发生器、分频器、脉冲分配器、脉冲放大器、三相步进电动机等组成。

脉冲信号发生器产生一系列脉冲信号进入分频器，由控制器输送控制信号决定分频器输出脉冲的频率，用以控制步进电动机的转速；分频器输出的脉冲再进入脉冲分配器，并在控制器输送控制信号下确定将脉冲分配给脉冲放大器 A、B、C 的顺序和时间；最后三个脉冲放大器 A、B、C 按顺序把分配器输出的脉冲放大并输出，驱动三相步进电动机按规定的转角、转速、转向等工作。

3．力矩电动机

力矩电动机是一种可长期处于低速运转、甚至长期处于堵转（转速为零）状态下运行的执行电动机。力矩电动机具有以下主要特点。

① 快速响应，可直接驱动负载，机电时间常数较小。

② 可使系统的速度和位置的精度提高。

③ 转矩—电流特性具有很高的线性度。

④ 运动可靠、维护方便、振动小、机械噪声小、结构紧凑。

力矩电动机如图 2-43 所示。

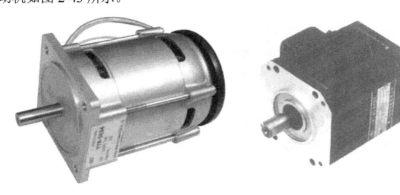

图 2-43　力矩电动机

2.4.3　液压式

液压式驱动是一种以液体作为工作介质、以液体的压力和流量作为参量来传递能量和进行控制的驱动方式。它利用电磁线圈（液压泵）将电能变换成液压能，再利用电磁阀（控制阀）来控制液压的换向、压力、流量等，进而推动负载，使液压能量变换成机械运动（直线运动或旋转运动）。

液压式驱动的特点：

① 体积小、重量轻、传递功率大、惯性小，反应性好，便于实现往复直线运动。

② 调速范围宽，可实现无级调节，传动无间隙，运动平稳，便于实现频繁的换向和变速。

③ 润滑性好，使用寿命较长，易实现系统的过载保护。

④ 容易泄漏和污染环境，因此密封是液压系统的关键部件。

⑤ 运动的准确性较差，油液的变质及油管的变形使误差加大，因此，液压式驱动只宜用于对传动比要求不高的场合。

⑥ 传动效率低，能耗较大。

液压式驱动系统一般由动力部件、执行部件、控制部件和辅助部件四部分组成。

1．动力部件

动力部件主要是液压电动机（又称液压泵）。它是整个液压系统的动力源，为液压系统提供压力油，它将电动机输出的机械能转化为液体的压力能，从而驱动执行部件。

2．执行部件

执行部件主要是液压缸（用于直线运动）或液压发动机（用于旋转运动）。它们将液体的压力能转化为机械能，并输出直线运动或旋转运动以驱动工作部件。

3．控制部件

控制部件是指各种控制阀门，如压力阀、流量阀、换向阀、溢流阀等。它们用于控制液压系统中液体的压力、方向和流量，以满足执行元件对力、速度和运动方向的要求，从而完成预期的工作运动。

4．辅助部件

辅助部件是指油箱、油管、管接头、密封件、过滤器、各种仪表等。它们用于输送液体、存储液体、对液体进行过滤、监控或测量液体的压力和流量等，以确保系统的正常工作和运行。

【例 2-18】 机床工作台液压驱动系统

机床工作台液压驱动系统如图 2-44 所示。

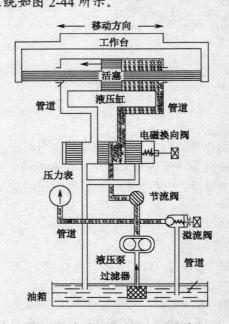

图 2-44　机床工作台液压驱动系统

机床工作台液压驱动系统由动力部件（液压泵）、执行部件（液压缸）、控制部件（节流阀、电磁换向阀、溢流阀）和辅助部件（油箱、管道、过滤器、压力表）等组成。

系统中的液压缸固定不动，其内部的活塞连同活塞杆推动工作台可以做向左或向右的直线往复运动。

当电动机带动液压泵转动时，将油液从油箱经过滤器、管道抽入，沿着管道通过节流阀进入电磁换向阀；在电磁换向阀的控制下油液通过管道流入液压缸的右腔，从而推动活塞及活塞杆连同工作台向左运动；液压缸的回油，经管道、电磁换向阀排回油箱。

通过电磁换向阀可控制油液进入液压缸的右腔或左腔，使活塞向左或向右运动，从而带动活塞杆连同工作台实现向左或向右的直线往复运动。

通过调节节流阀，可控制进入液压缸的油液流量，可改变活塞及活塞杆连同工作台的运动速度。

在进油路上安装溢流阀和压力表，一方面可监测系统的油液压力，另一方面可调节溢流阀控制油液压力的大小。多余的油液可通过溢流阀、管道排回油箱。

2.4.4　气动式

气动式驱动是利用电磁线圈将电能变换成气压，再通过电磁阀来控制气压的换向、压力等，然后推动负载，从而使气压变换成机械运动。通常气动式驱动是以空气压缩机为动力源，以压缩空气为工作介质来传递动力和运动，并通过其他部件实现对各种生产机械设备的驱动和控制。

与电气、液压等方式相比，气动式驱动具有如下特点。

① 空气作为工作介质，容易获得，成本低廉，处理方便，污染小。

② 工作环境适应性强，使用安全可靠，具有防火、防爆的性能，故可在易燃、易爆、多尘、强磁、辐射及振动等恶劣环境下工作。

③ 空气的粘度很小，在传送过程中的能量损失小，传输管道不易堵塞，故节能、高效，便于集中供气和远距离输送。

④ 空气的惯性小，因此反应灵敏，动作迅速。

⑤ 结构简单，使用寿命长，维护和调节方便。

⑥ 由于空气的可压缩性大，所以速度的稳定性较差。

⑦ 工作压力低，总输出力或转矩不大，故不适用于重载系统。

⑧ 具有较大的噪声。

气动式驱动系统一般由动力部件、执行部件、控制部件和辅助部件四部分组成。

1.　动力部件

动力部件主要是空气压缩机，它是整个系统的动力源，为气动系统提供压力气体。空气压缩机将电动机输出的机械能转化为空气的压力能，从而驱动执行部件。

2.　执行部件

执行部件主要是汽缸（用于直线运动）或气压发动机（用于旋转运动）。它们将压缩空气的压力能转化为机械能，并输出直线运动或旋转运动以驱动工作部件。

3.　控制部件

控制部件是指各种控制阀门，如压力阀、流量阀、换向阀、行程阀、射流元件等。它们用于控制气动系统中压缩空气的压力、方向和流量，以满足执行元件对力、速度和运动方向的要求，从而完成预期的工作运动。

4.　辅助部件

辅助部件是指各种过滤器、油雾器、消声器、散热器、管路附件、传感器、各种仪表等。它们使压缩空气净化、润滑、输送及消除噪声等，以确保系统的正常工作和运行。

【例 2-19】　气动式驱动系统——剪切机

剪切机气动式驱动系统如图 2-45 所示。

剪切机气动式驱动系统是由动力部件（空气压缩机）、执行部件（汽缸）、控制部件（换向器、行程阀、减压阀）和辅助部件（油雾器、气道、滤气器、空气净化和存储装置）等组成。

系统中的汽缸固定不动，其内部的活塞连同活塞杆推动刀具做向上或向下的直线垂直往复运动，从而对工件进行切削。

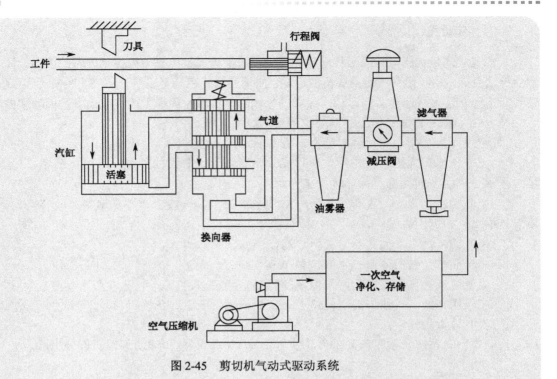

图 2-45　剪切机气动式驱动系统

空气压缩机工作时产生的压缩空气经过一次空气净化和存储装置（冷却器、油水分离器、储气罐等）的净化后可存储备用，或经滤气器、减压阀、油雾器等再次净化后进入换向器的下腔，将其阀芯推向上位，弹簧被压缩，同时使压缩空气经换向器到达汽缸的上腔，从而迫使活塞推向汽缸的下腔。此时剪切机的剪口张开，处于预备工作状态（如图 2-45 所示）。

当送料机构将工件送入剪切机并达到规定位置时，工件将行程阀芯推向右端，从而使换向器的下腔与大气相通，压缩空气减弱。在弹簧力的作用下，使其阀芯推向下位，导致汽缸的上腔与大气相通，压缩空气通过换向器进入汽缸的下腔，从而推动活塞带动剪刃（刀具）快速运动将工件切断。

切断工件后，工件离开行程阀，其阀芯在弹簧力的作用下复位，关闭通向换向器下腔的大气通道，使压缩空气进入换向器下腔，腔体压力增大，迫使阀芯上移，弹簧重新被压缩，同时又使压缩空气经换向器到达汽缸的上腔，迫使活塞推向汽缸的下腔。此时剪切机的剪刀口重新张开，系统恢复到预备工作状态。

* 2.5　精密机械技术

2.5.1　概念

机械技术是机电一体化的基础。由于机电一体化系统具有高精度、高速、高效率等特点，因此机械技术不应是单一地要求完成系统间的连接，而是能满足提高精度、减少质量和转动惯量、缩小体积、加大刚度、提高可靠性和动态性能等要求的精密机械技术。为了满足系统的需要，就需要机械装置达到如下的基本要求：

① 机构的动作要准确、协调、可靠；

② 在高速运行中能够稳定工作；

③ 有较宽的调速范围，可实现无级调速；

④ 轻巧、美观、实用。

机械装置主要包括传动机构、导向机构、执行器三大部分。

2.5.2 传动机构

传动机构的主要作用和功能是传递转矩和转速（动力和运动）。

对传动机构的要求根据场合的不同而不同。例如用于工作机中的传动机构，既要求能够实现运动的传递，又要求能够实现动力的传递；又例如用于信息机中的传动机构，主要要求运动的传递，而对于动力的传递，则只需要克服惯性力（力矩）和各种摩擦力（力矩）以及较小的工作负载。

常用的传动机构有滚珠丝杠传动机构、同步带传动机构、棘轮传动机构、谐波齿轮传动机构等。

1. 滚珠丝杠传动机构

滚珠丝杠传动机构如图 2-46 所示。

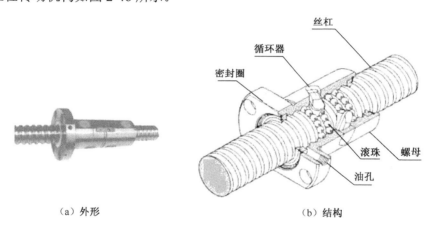

（a）外形 （b）结构

图 2-46 滚珠丝杠传动机构

滚珠丝杠传动机构中，带有螺旋槽的丝杠、螺母之间装着滚珠，当丝杠或螺母转动时，滚珠沿螺纹滚道滚动，则丝杠与螺母之间相对运动时就会产生滚动摩擦，从而实现转矩和转速的传递。

2. 同步带传动机构

同步带传动机构如图 2-47 所示。

皮带的工作表面带有齿，它与带有相应齿形的带轮相啮合，通过皮带或带轮的运动，从而实现运动和动力传递。

3. 棘轮传动机构

棘轮传动机构如图 2-48 所示。

棘轮传动机构主要由棘轮和棘爪组成。棘爪装在摆杆上，可围绕原点做圆周转动；摆杆空套在棘轮凸缘上可做往复摆动。当摆杆沿逆时针方向摆动时，棘爪与棘轮的齿啮合，推动棘轮向逆时针方向转动，同时，止回棘爪在棘轮齿上打滑；当摆杆摆过一定角度而反向作顺时针方向摆动时，止回棘爪把棘轮卡住，阻止棘轮随同摆杆一起做反向转动，同时棘爪在棘轮齿上打滑而返回到起始位置；摇杆如此往复不停地摆动时，棘轮就不断地按逆时针方向间歇地转动，从而将原动机构的连续运动转换成间歇运动。

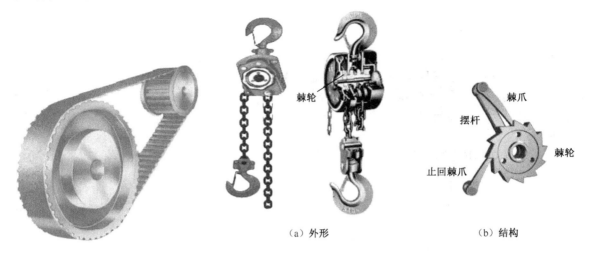

（a）外形   （b）结构

图 2-47　同步带传动机构   图 2-48　棘轮传动机构

2.5.3　导向机构

导向机构又称为导轨，其作用是支承和限制运动部件按给定的运动要求和规定的运动方向运动，为机电系统中各运动部件能安全、准确地完成其特定方向的运动提供保障。

导轨由两部分构成：一部分在工作时固定不动，称为支承导轨；另一部分在支承导轨上做直线或回转运动，称为动导轨。

导轨按接触面的摩擦性质可分为滑动导轨、滚动导轨、流体介质摩擦导轨等。滚动导轨具有摩擦力小、动作轻便、定位精度高、微量位移灵活准确、刚度高、磨损小、寿命长等优点，因此在实际中多采用滚动导轨。

滚动导轨按滚动体形状的不同，可以分为滚珠导轨、滚柱导轨和滚针导轨三种。

滚珠导轨如图 2-49 所示。

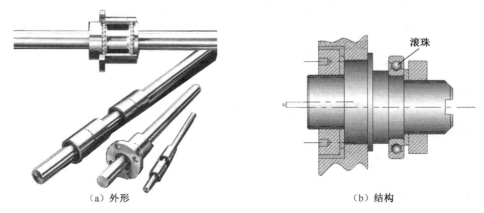

（a）外形   （b）结构

图 2-49　滚珠导轨

滚珠导轨为点接触形式，摩擦小、灵敏度高，但负载能力小、刚度低，适用于负荷不大、行程较短、运动灵敏度要求较高的场合。滚柱导轨为线接触形式，负载能力和刚度都比滚珠导轨要大，但制造安装精度要求较高，因此只适用于载荷较大的场合。滚针导轨也属于点接触形式，尺寸小、结构紧凑、排列密集、负载能力大，但摩擦相应增加，精度较低，因此适用于载荷大、导轨尺寸受限制的场合。

2.5.4　执行器

执行器根据操作指令的要求在动力源的带动下，完成预定的操作。一般要求执行器具有较高的灵敏度和精确度、良好的重复性和可靠性。

常见的执行器有机械夹持器、灵巧手（或万能手）和特种末端执行器三大类。

1．机械夹持器

机械夹持器利用手指或卡爪与工件接触面之间的摩擦力来夹住工件，如图 2-50 所示。

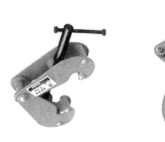

（a）外形　　　　　　　　　　　　　　　　　　（b）夹持示例

图 2-50　机械夹持器

2．灵巧手（万能手）

灵巧手（万能手）是一种模仿人手制成的多关节和多手指的机器手。

灵巧手对被夹持物的任意方向和大小都可进行夹持，即能满足任意形状、不同材质物体的操作和夹持要求，如图 2-51 所示。

（a）　　　　　　　　　　　　　　　　（b）

图 2-51　灵巧手

3．特种末端执行器

特种末端执行器是完成某种特定作业的机械手。常见的特种末端执行器有真空吸附器（盘）和电磁吸附器（盘）。

真空吸附盘（图 2-52）利用真空泵抽去吸盘内腔的空气，使吸盘内腔形成真空而吸住工件。

图 2-52　真空吸附盘

电磁吸附盘（图 2-53）利用通电线圈的磁场对可磁化材料的作用力来实现对工件的吸附。

图 2-53　电磁吸附盘

*2.6　总体设计技术

2.6.1　总体设计要求

1．了解负载的情况

负载的情况包括带动负载的最大作用力（或力矩）、最大功率、最大速度，是惯性负载还是弹性负载或者兼而有之，负载的具体参数（如惯量、刚度值及变化范围等）等。

2．选择控制系统的形式

控制系统的形式包括控制量与反馈量的选择、指令信号的产生、控制的构成与实现方式、控制系统的类型等（定常还是时变，连续系统还是采样系统，是位置控制、速度控制或力控制等）。

3．满足系统性能要求

系统性能包括总体性能、拖动性能和控制性能等。

4．确定使用要求

（1）控制方式：手动、半自动、程序控制。

（2）使用环境：温度、湿度、电磁辐射、周围环境（包括引力、振动、冲击、负压等）影响。

（3）能源限制情况。

5．进行初步设计和动态设计

（1）初步设计。

根据上述要求，选择主要元件和系统。

（2）动态设计。

根据元件的参数进行动态性能及精度的分析，并给出校正环节及其实现方式。

在要求不高的场合，进行初步设计即可。但对动态性能要求较高的场合，在初步设计的系统不能满足动态性能的要求时，一般需对初步设计进行修改，并考虑增加校正环节，然后对动态性能指标进行仿真和实验，直到系统符合要求，使系统达到更好的性能。

2.6.2　总体设计步骤

（1）初步设计（包括方案设计和静态设计）。

① 方案设计是选择机电控制系统的具体形式。

② 静态设计是指以满足拖动能力要求为主的设计，解决执行元件和功率转换与放大元件的选择和主参数选择等问题。

（2）动态设计。

进行动态性能分析，确定控制及其实现方法。

（3）数字和系统仿真。

（4）单元模块进行模拟调试。

（5）研制样机及其调试。

（6）成型。

2.6.3　动态设计

动态设计是指在系统方案和主要参数确定的情况下，对系统的快速性、稳定性和精确度进行分析和设计。

进行动态分析与设计的前提是必须知道描述系统动态特性的数学模型。

动态设计的基本方法与步骤如下：

① 根据初步设计，做出系统的结构方块图。

② 选定控制器的实现方案。

③ 建立各元件的数学模型。

④ 确立整个系统的数学模型，并画出方块图。

⑤ 选定控制器和控制方式，对系统动态特性进行分析和仿真。

⑥ 判断系统性能是否满足要求。

⑦ 进行样机试制和调试。

若满足要求可以成型，否则应修改控制器和控制方式，重新判断系统性能是否满足要求。

2.7 接口技术

接口是指将机电一体化系统的各部分连接起来的连接电路。如例 2-15 中的信号处理过程：传感器将检测到的模拟量（信号）经模/数（A/D）转换器转换成控制器（计算机）所能接受的数字量（信号）后，计算机就能对其进行运算、分析、比较等工作并输出，输出的数字量（信号）又经数/模（D/A）转换器转换成模拟量（信号）并放大去控制和驱动相关的设备（如电动机、继电器或电磁阀的线圈、指示灯等）。因此，模/数转换器和数/模转换器就是接口电路。

2.7.1 概念

（1）设置接口电路的原因。

① 计算机与外围设备的信号线不兼容，在信号线功能定义、逻辑定义的时序关系上都不一致。

② 计算机与外围设备的工作速度不兼容，计算机速度高，外围设备速度低。

③ 若不通过接口，而由计算机直接对外围设备的操作实施控制，就会使计算机穷于应付与外设打交道，大大降低计算机的效率。

④ 若外围设备直接由计算机控制，也会使外围设备的硬件结构依赖于计算机，对外围设备本身的发展不利。

（2）接口电路的主要作用。

① 完成信息的交换：体现在工作速度快的计算机与工作速度较慢的外围设备之间进行信息交换时所需要的接口。

② 完成能量的转换：体现在设备之间的进行连接时所需要的接口。

（3）接口的功能

① 执行计算机发出命令的功能。

② 接受返回的外围设备状态的功能。

③ 数据缓冲的功能。

④ 信号转换的功能。

⑤ 选择设备的功能。

⑥ 数据宽度与数据格式转换的功能。

2.7.2 接口的类型

机电一体化系统的各部分连接须具备一定条件，这个联系条件就是接口。通常，机电一体化控制系统将接口分为人机接口与机电接口两大类，如图 2-54 所示。

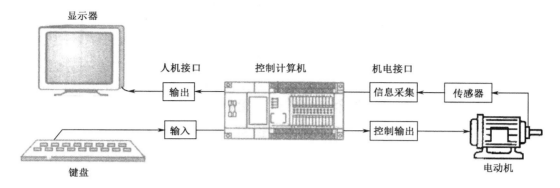

图 2-54　机电一体化系统接口

人机接口，又称输入/输出设备接口（简称 I/O 接口），是计算机与人（操作者）之间的连接界面，通过该接口可以实现计算机与人机交互设备之间的信息交换。尽管机电一体化系统的自动化程度较高，但是系统的运行仍离不开人的操作和控制，必须在人的监控下运行。按照信息的传递方向，人机接口又分为输入接口和输出接口两大类。输入接口是人向系统输入各种控制命令，干预系统的运行状态，以实现所要求的功能。输出接口是系统向人显示系统的各种运行状态、运行参数及结果等信息，以便于对系统进行监控。

由于系统中各部分在性质上有很大差别，例如机械与电子两者之间的联系就需要通过接口来进行调整、匹配、缓冲等，所以机电接口起着非常重要的作用。按照信息及能量的传递方向，机电接口又分为信息采集接口（传感器接口）和控制输出接口两大类。信息采集接口是接受传感器传送来的检测系统运行参数，并送至计算机运算处理。控制输出接口是将经计算机运算处理后的控制信号进行转换、匹配、功率放大等，从而驱动执行部分来调节机械装置的运行状态，以完成所要求的动作和任务。

2.7.3　人机接口

人机接口是指人与计算机之间建立联系、实现交换、传输信息的输入/输出设备的控制电路。人机接口要完成两个任务：信息形式的转换和信息传输的控制。例如，当人（操作者）通过输入设备——键盘向计算机送入数据时，应首先将数据转换成 ASCII 码，然后再送入计算机，计算机采用软件等待询问或采用中断请求的方法来识别并接收输入的信息。当计算机要将显示的字符输出到打印机时，同样采用软件等待询问或采用中断请求的方法来控制传输的速度，此时，ASCII 码反过来转换成机械的移动，使数据被打印机打印出来。

1. 输入接口

输入设备是指人们向计算机输入信息的设备。常用的输入设备有键盘、鼠标器、触摸屏等。常用的输入接口有如下两种。

（1）拨盘输入接口。

拨盘是机电一体化系统中常见的一种输入设备，如图 2-55 所示。

在系统需要输入少量的参数（如修正系数、控制目标等）时，采用拨盘输入较为方便。人机接口的拨盘常用十进制输入拨盘和 BCD 码拨盘两种。

图 2-55　拨盘

（2）键盘输入接口。

键盘是一组按键集合并能向计算机提供被按键的代码的设备，如图 2-56 所示。

图 2-56　键盘

常用的键盘有编码键盘（自动提供被按键的编码，如 ASCII 码或二进制码）和非编码键盘（简单地提供按键的通或断，如 "0" 或 "1" 电位）。编码键盘使用方便，但结构复杂，成本较高；非编码键盘的电路简单，便于设计。

2. 输出接口

输出设备是指计算机向人们提供运算结果的设备。常用的输出设备有显示器、打印机等。在机电一体化系统中，显示器是典型的输出设备。常用的显示器有 CRT 显示器、LED 显示器、液晶显示器等，如图 2-57 所示。不同的显示器或输出设备有相应的输出接口电路。

（a）CRT 显示器　　　　　　　　　　　　（b）　LED 显示器

图 2-57　各种显示器

（c）　液晶显示器

图 2-57　各种显示器（续）

2.7.4　机电接口

机电接口通常是指计算机与机械装置或设备之间联系的控制电路，它有如下作用。

（1）进行电平转换和功率放大。

由于计算机的 I/O 芯片一般都是使用数字信号或 TTL 电平，而控制机械设备则不一定使用数字信号或 TTL 电平，因此，必须进行电平转换。另外，若为大负载时，还需要进行功率放大才能驱动机械设备。

（2）抗干扰隔离。

为防止干扰信号的窜入，通常使用光电耦合器、脉冲变压器或继电器等将计算机系统和控制机械设备实现电气上的隔离，以提高抗干扰能力。

（3）进行 A/D 或 D/A 转换。

当被控对象的检测或控制信号为模拟量时，则必须在计算机系统和被控对象之间设置 A/D 和 D/A 转换电路，以保证计算机所处理的数字量与被控设备的模拟量之间的匹配。

机电接口分信息采集接口（传感器接口）和控制输出接口两大类。

1. 信息采集接口（传感器接口）

在机电一体化系统中，计算机需要对机械装置或设备进行有效的控制，使其按照预定的程序和规律运行，完成设想的工作任务，为此，有必要在其工作过程中对系统的运行状态和轨迹进行监控，随时检测各种运行参数和数据，而检测这些运行参数和数据的装置或部件是传感器。

例如：位置传感器反映运行位置的变化量；位移传感器反映运行位移的微小变化量；速度传感器反映运行速度的变化量；角度传感器反映运行旋转角度的变化量；温度传感器反映运行温度的变化量；压力传感器反映运行压力的变化量。

这些变化量是经过传感器转换后的输出信号，包含模拟信号（模拟电压或电流信号）、数字信号（开关信号）、直流信号、交流信号等。而计算机只能接收数字信号，因此，要达到获取信息的目的，针对不同性质的信号，信息采集接口要进行不同的处理，即将模拟信号转换为计算机所能接收的数字信号。

【例 2-20】 开关量（直流）输入接口电路。

直流输入接口电路如图 2-58 所示。

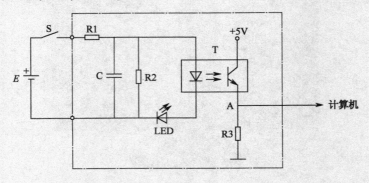

图 2-58 直流输入接口电路

经过传感器转换后的输出信号为直流模拟信号 E，当触点 S 闭合时，电路接通，发光二极管 LED 发光指示，并使光电耦合件 T 内的发光二极管发光照射光敏三极管，使其导通，输出点 A 为高电平"1"，反之输出点 A 为低电平"0"，从而使模拟信号转换为数字信号。

【例 2-21】 开关量（交流）输入接口电路。

交流输入接口电路如图 2-59 所示。

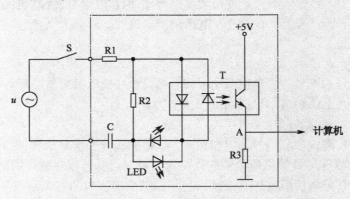

图 2-59 交流输入接口电路

经过传感器转换后的输出信号为交流模拟信号 u，当触点 S 闭合时，电路接通，交流模拟信号 u 不管是正半周还是负半周，发光二极管 LED 都会发光指示，并使光电耦合件 T 内的发光二极管发光照射光敏三极管，使其导通，输出点 A 为高电平"1"，反之输出点 A 为低电平"0"，同样实现了模拟信号转换为数字信号。

2. 控制输出接口

在机电一体化系统中，计算机内使用为数字信号，输出亦为数字信号，而机械装置或设备使用的信号通常为模拟电压或电流信号。因此，要达到控制生产过程的目的，必须将计算机输出的数字信号（控制信号）转换成模拟输出信号。

控制输出接口的任务就是将计算机输出的数字信号转换为模拟电压或电流信号，以便驱动相应的执行部分（机械装置或设备），达到控制对象的目的。

【例 2-22】　继电器输出接口电路。

继电器输出接口电路如图 2-60 所示。

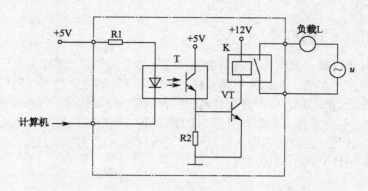

图 2-60　继电器输出接口电路

当计算机输出为低电平"0"时，光电耦合件 T 内的发光二极管导通，使之发光照射光敏三极管，使其也导通；经三极管 VT 放大，驱动继电器 K 线圈，使继电器 K 对应的触点闭合，负载 L 工作。相反，当计算机输出为高电平"1"时，光电耦合件 T 内的发光二极管不导通，其他部分都不工作。这就使数字信号转换为模拟信号。

继电器输出接口电路为有触点输出控制方式，一般适用于大功率（交、直流）、低速的负载。

【例 2-23】　晶闸管输出接口电路。

晶闸管输出接口电路如图 2-61 所示。

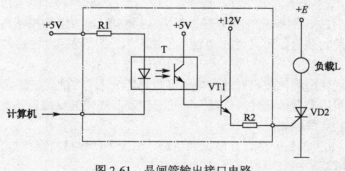

图 2-61　晶闸管输出接口电路

当计算机输出为低电平"0"时，光电耦合件 T 内的发光二极管导通，使之发光照射光敏三极管，使其也导通；经三极管 VT1 匹配，使晶闸管 VT2 导通，负载 L 工作。相反，当计算机输出为高电平"1"时，光电耦合件 T 内的发光二极管不导通，其他部分都不工作。这就使数字信号转换为模拟信号。

晶闸管输出接口电路为无触点输出控制方式，一般适用于大功率（交、直流）、高速的负载。

2.7.5　其他接口（开关信号通道接口）

在机电一体化系统的控制系统中，经常需要处理一类最基本的输入/输出信号，即数字量

（开关量）信号。例如，开关的闭合与断开、指示灯的亮与灭、继电器或接触器的吸合与释放、电动机的启动与停止、阀门的打开与关闭等。这些信号的共同特征是以二进制的逻辑"1"和"0"出现。因此，在机电一体化控制系统中，对应二进制数码的每一位都可以代表着生产过程中的一个状态，此状态可作为设备控制依据。

1. 输入通道接口（DI 接口）

开关信号输入通道接口的任务是将来自控制过程的开关信号、逻辑电平信号以及一些系统设置开关信号传送给计算机。这些信号实质是一种电平各异的数字信号，所以开关信号输入通道又称为数字输入通道（DI）。由于开关信号只有两种逻辑状态，即"ON"和"OFF"或数字信号"1"和"0"，但是其电平一般与计算机的数字电平不相同，与计算机连接的接口只需考虑逻辑电平的变换以及过程噪声隔离等问题。开关信号输入通道接口主要由输入缓冲器、电平隔离与转换电路和地址译码电路等组成。

2. 输出通道接口（DO 接口）

开关信号输出通道接口的作用是将计算机通过逻辑运算处理后的开关信号传递给开关执行器（如继电器或报警指示器等）。它实质是逻辑数字的输出通道，又称为数字输出通道（DO）。它主要考虑的是内部与外部公共地隔离和驱动开关执行器的功率。开关信号输出通道接口主要由输出锁存器、驱动器和输出口地址译码电路等组成。

本章小结

● 机电一体化系统或产品构成的应用技术包含了自动化控制技术、检测与传感器技术、计算机与信息处理技术、执行与驱动技术、精密机械技术、总体设计技术、接口技术七大技术。

● 自动化控制技术：关键的部件是控制装置（控制器）。常用的控制装置有继电器控制装置、半导体继电器控制装置、可编程控制器（计算机）、变频器等。各种控制方式和方法都有各自的特点。

继电器控制装置利用各种按钮开关和电磁继电器等元器件的触点来实现控制。

半导体继电器利用半导体器件（二极管、三极管及其构成的集成电路）的特性和直流继电器等器件来实现无触点的控制。

可编程控制器（PLC）是一种大规模集成电路，综合了计算机技术和信息技术等多种技术，专门应用于工业环境下的控制装置。

变频器是采用电力半导体器件来实现将固定频率的交流电变换成频率、电压均连续可调的交流电，以控制电动机运行的无触点控制装置。

● 检测与传感器技术：检测与传感相当于人类靠身体的视觉、听觉、嗅觉、味觉和触觉等感觉器官来感受和接受外界信息。各种传感器就是完成系统在运行过程中的各种有关信息的收集或采集的任务。常用的传感器有位置、位移、转速、温度、光量等传感器。

位置传感器通过检测或感受以确定被测物体是否达到所需的位置，并输出信号使系统的运行状态发生变化。

位移传感器将线位移或角位移变换成相应的信号输出。

转度传感器将机械的旋转运动转换成相应的电信号输出。

角度传感器将转角的变化（角位移）转换成相应的信号输出。

温度传感器将温度的变化转换成相应的信号输出。

光量传感器将光的数量（光线、光亮等）转换成相应的信号输出。

● 计算机与信息处理技术：完成对信息和数据的处理、存储等工作，并协调、驱动系统中的各部分工作。常用的是以计算机为控制核心的工业控制计算机、可编程控制器、单片机等。

工业控制计算机是在通用计算机的硬件及其软件基础上应用于工业生产过程控制的设备。

可编程控制器（PLC）是主要应用于工业环境下的专用计算机。

单片机是一块芯片上的微型计算机，其不但应用于工业控制，还可应用于科学计算、数据处理、计算机通信等方面。

● 执行与驱动技术：执行与驱动就是执行系统的控制信号或指令进行、完成一系列预定的动作。常见的驱动执行形式有电动式、液压式和气动式三种。

电动式（电磁式）驱动利用电磁线圈将电能转换成电磁力，再通过电磁力做功带动负载，从而使电能变换成机械运动。

液压式驱动是以液体作为工作介质，利用电磁阀（控制阀）来控制液体的压力、换向、流量等，进而推动负载，实现机械运动。

气动式驱动是以空气作为工作介质，利用电磁阀来控制气体的压力和换向等，然后推动负载，从而使气压变换成机械运动。

● 精密机械技术：要求系统具有高精度、高速、高效率、转动惯量少、体积小、可靠性高和动态性能好等特点。系统包含传动机构、导向机构、执行器等部分。

传动机构的主要作用和功能是传递转矩和转速。

导向机构（导轨）的作用是支承和限制运动部件按预定的运动要求和规定的方向运动。

执行器根据操作指令的要求在动力源的带动下，完成预定的操作。

● 总体设计技术：提出系统的设计要求和步骤。

● 接口技术是研究机电一体化系统中的接口问题，目的是使系统中信息和能量的传递和转换更加顺畅，使系统各部分有机地结合在一起，形成完整的系统。

接口技术是在机电一体化技术的基础上发展起来的，随着机电一体化技术的发展而变得越来越重要；同时接口技术的研究也必然促进机电一体化的发展。接口的好与坏直接影响到机电一体化系统的控制性能以及系统运行的稳定性和可靠性，因此接口技术是机电一体化系统的关键环节。

习题 2

2.1　填空题

1. _____是检测在运行过程中各种有关信息的装置。

2. 传感器的输入量是_____量，可以是_____量、_____量或_____量等。

3. 传感器是由_____、_____、_____三个基本部分组成的。

4. 在工业要求和需求改变时，可编程控制器需要改变_____就可达到目的。

5. 变频器是一种将_____交流电变换成_____交流电，以控制电动机运行的装置。

6. _____传感器是将线位移或角位移变换成相应的信号输出。

7. _____传感器是将温度的变化转换成相应的信号输出。

8. 工业控制计算机简称为_____。

9. 接口电路是介于计算机与系统各部分之间对传输的信号进行处理的_____电子电路或_____电子电路。

10. A/D 转换器是将_____信号转换_____信号。

11. 常见的驱动执行形式有_____、_____和_____三种。

12. 伺服电动机是一种将_____转换成_____的执行电动机。

13. 步进电动机的转子转角大小与_____成比例。

14. 步进电动机通过_____来实现转子的正或反方向转动。

15. 液压式是一种以_____作为工作介质，以_____和_____作为参量来传递能量和进行控制的驱动方式。

16. 液压系统由_____、_____、_____和_____四部分组成。

17. 液压系统的动力元件将电动机输出的_____转化为_____的压力能，从而驱动执行部件。

18. 气动系统由_____、_____、_____和_____四部分组成。

19. 气动系统中辅助元件是使空气_____、_____、_____及其_____等。

20. 机械装置主要包括_____、_____、_____三大部分。

21. 接口电路的主要作用有_____和_____等。

22. 机电一体化控制系统将接口分为_____与_____两大类。

23. I/O 接口是_____之间的连接界面，通过该接口可以实现_____之间的信息交换。

24. 按照信息的传递方向，I/O 接口又分为_____和_____两大类。

25. 按照信息及能量的传递方向，机电接口又分为_____和_____两大类。

26. 传感器接口是接受_____传送来的检测系统_____，并送至计算机_____。

27. 人机接口要完成的两个任务是_____和_____。

28. 机电接口的作用有_____、_____、_____等。

29. 机电接口有_____和_____两大类。

30. 继电器输出接口电路为_____控制方式，一般适用于_____。

31. DI 接口主要由_____、_____、_____和_____等组成。

32. DO 接口主要由_____、_____和_____等组成。

2.2　是非题

1. 传感器可以将各种不同形式的输出量转换成所需的输入量。　　　　　　　（　　）

2. 半导体继电器是一种有触点控制方式的设备。　　　　　　　　　　　　（　　）

3. 变频器采用电力半导体器件来实现有触点的控制。　　　　　　　　　　（　　）

4. 速度传感器是将机械的旋转运动转换成相应的电信号输出。　　　　　　（　　）

5. 单片机是在一块芯片上集中了一台计算机所具有的基本部分的计算机。　（　　）

6. 接口电路的作用是将来自系统各部分的模拟信号变换为计算机所能识别和处理的模拟信号。　　　　　　　　　　　　　　　　　　　　　　　　　　　　　（　　）

7. D/A 转换器是将数字信号转换成模拟信号。　　　　　　　　　　　　　（　　）

8. 伺服电动机的转动惯量为零。　　　　　　　　　　　　　　　　　　　（　　）

9．步进电动机是输入电脉冲而产生转动。　　　　　　　　　　　　（　　）

10．步进电动机的转子转速是随着输入脉冲频率成反比例而变化的。（　　）

11．液压系统很容易发生泄漏及污染环境。　　　　　　　　　　　　（　　）

12．液压缸是将液体的机械能转化为压力能，并输出直线运动或旋转运动以驱动工作部件的。　　　　　　　　　　　　　　　　　　　　　　　　　　　　　　　　　　（　　）

13．气动系统以空气作为工作介质。　　　　　　　　　　　　　　　（　　）

14．汽缸是将电动机输出的机械能转化为空气的压力能，从而驱动执行部件。（　　）

15．空气压缩机是气动系统的动力源。　　　　　　　　　　　　　　（　　）

16．传动机构的主要作用是传递动力和运动。　　　　　　　　　　　（　　）

17．动态设计是根据元件的参数进行动态性能及精度的分析，并给出校正环节及其实现方式。　　　　　　　　　　　　　　　　　　　　　　　　　　　　　　　　　　　　（　　）

18．在要求不高的场合，要进行初步设计和动态性能分析。　　　　　（　　）

19．接口是指将机电一体化系统的各部分连接起来的电路。　　　　　（　　）

20．接口电路的主要作用是完成信息的交换和能量的转换。　　　　　（　　）

21．通过机电接口可实现计算机与人机交互设备之间的信息交换。　　（　　）

22．传感器接口是接受传感器传送来的检测系统运行参数，并送至计算机运算处理。（　　）

23．人机接口要完成信息形式的转换和传输的控制两个任务。　　　　（　　）

24．人机接口是一个实体设备。　　　　　　　　　　　　　　　　　（　　）

25．传感器接口是一个实体设备。　　　　　　　　　　　　　　　　（　　）

26．继电器输出接口电路是一种无触点输出控制方式。　　　　　　　（　　）

27．晶闸管输出接口电路是一种无触点输出控制方式。　　　　　　　（　　）

28．DI 接口主要由输出锁存器、驱动器和输出口地址译码电路等组成。（　　）

2.3　选择题

1．（　　）是直接检测或感受被测量，并输出与被测量成一确定关系的某一中间量或参数的元件。

　　A．敏感元件　　　　　　　　B．转换环节　　　　　　　　C．输出电路

2．继电器控制装置是一种（　　）控制方式的设备。

　　A．无触点　　　　　　　　　B．有触点　　　　　　　　　C．不确定

3．PLC 主机的核心是（　　）。

　　A．ROM　　　　　　　　　　B．RAM　　　　　　　　　　C．CPU

4．为了实现电动机的变速控制，变频器通过改变（　　）来实现。

　　A．接线　　　　　　　　　　B．编程　　　　　　　　　　C．硬件

5．（　　）是完成运行过程中各种有关信息的检测的装置。

　　A．继电器　　　　　　　　　B．变频器　　　　　　　　　C．传感器

6．（　　）是位移传感器中的一种。

　　A．速度计　　　　　　　　　B．脉冲编码器　　　　　　　C．接近开关

7．（　　）传感器是将转角的变化（角位移）转换成相应的信号输出。

　　A．位移　　　　　　　　　　B．角度　　　　　　　　　　C．速度

8. （　　）可应用于恶劣的工业环境。

    A．工控机　　　　　　　　　　B．PLC　　　　　　　　　　C．单片机

9. 计算机内部与外围设备之间的连接是通过（　　）完成的。

    A．导线　　　　　　　　　　　B．程序　　　　　　　　　　C．接口电路

10. 步进电动机所使用的电源为（　　）。

    A．直流电　　　　　　　　　　B．交流电　　　　　　　　　C．脉冲电

11. 步进电动机的转动惯量（　　）。

    A．很小　　　　　　　　　　　B．很大　　　　　　　　　　C．为零

12. 力矩电动机工作于（　　）。

    A．低速　　　　　　　　　　　B．中速　　　　　　　　　　C．高速

13. 液压式驱动以（　　）为工作介质。

    A．电流　　　　　　　　　　　B．气体　　　　　　　　　　C．液体

14. 为防止液压系统发生泄漏，（　　）是关键部件。

    A．密封　　　　　　　　　　　B．油管　　　　　　　　　　C．阀门

15. （　　）是液压系统的动力源。

    A．液压缸　　　　　　B．液压泵　　　　　　C．液体

16. （　　）控制液压系统中液体的流动方向。

    A．压力阀　　　　　　B．流量阀　　　　　　C．换向阀

17. 导轨的作用是（　　）运动部件按给定的运动要求和规定的运动方向运动。

    A．支承　　　　　　　B．限制　　　　　　　C．支承和限制

18. 机械夹持器利用手指或卡爪与工件接触面之间的（　　）来夹住工件。

    A．支承力　　　　　　B．弹性力　　　　　　C．摩擦力

19. 灵巧手是一种模仿人手制做的（　　）的机器手。

    A．多关节　　　　　　B．多手指　　　　　　C．多关节和多手指

20. （　　）能满足任意形状、不同材质物体的操作和夹持要求。

    A．机械夹持器　　　　B．灵巧手　　　　　　C．特种末端执行器

21. 电磁吸附盘利用（　　）对可磁化材料的作用力来实现对工件的吸附。

    A．真空力　　　　　　B．永久磁铁　　　　　C．通电线圈的磁场

22. 系统性能要求包括总体性能、（　　）和控制性能等。

    A．感应性能　　　　　B．拖动性能　　　　　C．负重性能

23. 动态设计是根据元件的参数进行（　　）的分析，并给出校正环节及其实现方式。

    A．动态性能　　　　　B．精度　　　　　　　C．动态性能及精度

24. （　　）是选择机电控制系统的具体形式。

    A．方案设计　　　　　B．静态设计　　　　　C．动态设计

25. （　　）是指将机电一体化系统的各部分连接起来的连接电路。

    A．接头　　　　　　　B．接驳口　　　　　　C．接口

26. 接口电路的主要作用是完成（　　）。

    A．信息的交换　　　　B．能量的转换

    C．信息的交换和能量的转换

27. 通过（　　）可以实现计算机与人机交互设备之间的信息交换。

　　A．人机接口　　　　　B．机电接口　　　　　C．人机接口与机电接口

28．（　　）接受传感器传送来的检测系统运行参数，并送至计算机运算处理。

　　A．信息采集接口　　　B．控制输出接口　　　C．信息采集和控制输出接口

29．（　　）针对不同性质的信号进行不同的处理，以完成计算机所接受的数字信号再送至计算机。

　　A．传感器接口　　　　B．控制输出接口　　　C．传感器接口和控制输出接口

30．继电器输出接口电路为（　　）输出控制方式。

　　A．无触点　　　　　　B．有触点　　　　　　C．无触点和有触点

31．晶闸管输出接口电路为（　　）输出控制方式。

　　A．无触点　　　　　　B．有触点　　　　　　C．无触点和有触点

2.4　简答题

1．简述传感器的作用。

2．简述传感器的组成及其各部分的功能。

3．简述可编程控制器的构成及各部分的作用。

4．简述工控机的特点及其应用场所。

5．简述 PLC 的特点及其应用场所。

6．简述单片机的特点及其应用场所。

7．简述接口电路的作用。

8．试述接口电路的工作过程。

9．简述伺服电动机的特点。

10．试述三相步进电动机驱动系统的组成及其各部分的作用。

11．简述力矩电动机的特点。

12．试述液压系统的组成及其各部分的作用。

13．试述气动系统的组成及其各部分的作用。

14．简述机械装置的基本要求。

15．试述机电系统的总体设计要求和步骤。

16．试述动态设计的基本方法与步骤。

17．为什么要设置接口？

18．试述接口电路的主要作用和功能。

19．什么是人机接口？人机接口有何作用？

20．试述人机接口的分类及其作用。

21．什么是机电接口？机电接口有何作用？

22．试述机电接口的分类及其作用。

第3章　机电一体化的应用举例

学习目标

本章介绍机电一体化在实际中的应用。通过学习本章，应能理解和明确机电一体化在日常生活和工业生产中的应用；能举一反三，为今后的机电一体化应用打好基础。

主要内容

- 工业机器人；
- 数控设备；
- 自动生产流水线；
- 自动扶梯；
- 全自动洗衣机；
- 柔性制造系统（FMS）。

3.1　工业机器人

3.1.1　定义

工业机器人是涉及多种技术的典型机电一体化产品。工业机器人涉及的技术有控制技术、计算机技术、机械技术、电子技术等，而涉及的学科又包含运动学、动力学、光学及仿生学等，各种技术、学科相互渗透、相互结合。

1978 年，国际标准化组织（ISO）指出："工业机器人就是拥有能够自动控制的手控功能和移动功能，可以按照程序执行各项作业的机器"。

手控功能是指拥有与人类上肢（手爪、手腕、手臂等）的动作功能相似的各种动作功能。

移动功能是指拥有前后、左右、上下等方向的运动功能。

工业机器人广泛应用于汽车制造、机械加工、电子、能源、建筑以及军工和海洋等工业部门，主要从事喷漆、焊接、装配、搬运及一些特殊环境下的工作。

3.1.2　结构

工业机器人的外形和结构如图 3-1 所示。

工业机器人由控制装置、驱动装置和操作系统三大部分组成。

1．控制装置（控制器、控制系统）

控制装置是工业机器人最重要的组成部分，其相当于人的大脑，是工业机器人的指挥中心。它通过输入的程序或指令信息（包含动作的顺序、轨迹、速度及时间等），控制工业机器人的各部分（驱动装置和操作机构等）按规定的程序进行运动，亦可通过反馈（即把从各传感器发出的信息集中起来进行判断）进行必要的控制；同时具有存储、监控的功能。

控制装置的核心部件是微处理器，其控制程序或指令信息通常采用比较容易接受和使用的工业机器人专用语言。

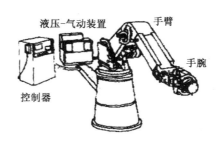

（a）外形　　　　　　　　　　（b）结构示意图

图 3-1　工业机器人

2．操作系统

操作系统使工业机器人按照预设的工作方式或形式进行运动和工作，并能进行检测和判断。系统包括机械手、移动机构、伺服机构、传感器等部分。

（1）机械手。

机械手由手部（手爪）、手腕和手臂组成。机械手的外形和结构如图 3-2 所示。

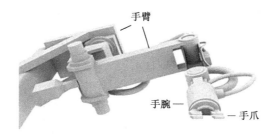

图 3-2　机械手

手部是握持工具或工件、物体的必要部位。其根据握持工具或工件、物体的形状、大小、坚硬度、柔软度及表面状态等，配备各种不同形式的爪形。

手腕使手部与手臂相连接并可调整手部的方位和手的姿势，其应满足轻便、灵活和高刚度的要求。

手臂支承手腕和手部，并根据需要用以扩大手部的工作范围。其根据不同的运动方向分为旋转式、回转式和移动式等；若根据不同负荷的调整方式又分为浮动机构型和防止超负荷机构型等。

无论是手部、手腕或手臂都有许多轴孔，孔内装有轴，因此轴和孔之间就形成了一个关节。在工业机器人里，每一个关节就称为一个自由度。

（2）移动机构。

移动机构是支撑手臂并可进行固定或移动的部件。固定的工业机器人直接固定在相应的基座上，如图 3-1 所示；对于移动的工业机器人，可以模仿人的双腿，也可依靠轨道和车轮、履带等进行移动。

（3）伺服机构。

伺服机构是驱动各自由度（关节）的机构。被用于关节部位的伺服机构都采用带有减速器的伺服电动机。工业机器人是模拟人体手臂动作的一种装置，要求伺服电动机安装在各臂的轴上，驱动各臂快速平滑移动，因此要求伺服电动机体积要小、质量要轻，且能产生较大的转矩。目前，最常用的伺服电动机是 DC 式（直流伺服电动机）和 AC 式（交流伺服电动机）两种。AC 伺服电动机的应用较广，并有取代 DC 伺服电动机的趋势。

（4）传感器。

传感器是用来检测视觉、触觉、动作姿势控制等部位的速度与位置的检测元件，其包括用于测定手腕位置和速度等的内置传感器、用于识别工业机器人作业对象的外部传感器、用于获取物体状态的视觉传感功能传感器、用于轻轻地抓取物体以免其受损伤的压力检测传感器等。

通过各类传感器检测伺服电动机的转速、转角，从而进行各轴的速度与位置控制。常用的传感器有光电编码器、精密电位器等。这些传感器和电子技术相结合，从而实现高精度的速度与位置控制。

3. 驱动装置

驱动装置向操作（伺服）机构提供动力，是操作机构的驱动源。

工业机器人对驱动装置的要求如下：

① 应具有足够的输出力矩和功率，以满足各种条件下的工作需要。

② 能够进行频繁的启动、制动和正、反转切换等重复运行。

③ 能够灵活方便地接受控制器的控制指令，实现转矩、速度及位置控制。

④ 应具有良好的稳定性，并能对控制命令进行快速响应。

⑤ 运动部件的惯性要尽量小。

⑥ 从整体上要求装置的体积小、质量轻。

⑦ 便于维护。

驱动装置有电气式、气压式、液压式和机械式等四种。其中，电气式驱动装置容易获得能源，干净无污染，容易调节和变换，具有良好的控制灵活性等。

3.1.3　基本类型

1. 组装/搬运工业机器人

组装/搬运工业机器人用于生产线上的组装/搬运（紧固螺钉、安装及插入部件、搬运部件）以及物流工序中的搬运作业（在工序间或工序内搬运构件、工序前配料）等。

组装/搬运工业机器人如图 3-3 所示。

2. 码垛工业机器人

码垛工业机器人用于码头、仓库的货物搬运、堆垛、拆垛、机床加工上下料等。

码垛工业机器人如图 3-4 所示。

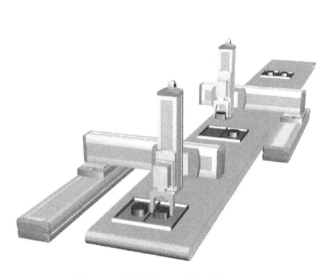

图 3-3　组装/搬运工业机器人

图 3-4　码垛工业机器人

3．热切割工业机器人

热切割工业机器人用于 H 型钢、T 型钢、角钢、槽钢等型材数控热切割的全自动生产线等。热切割工业机器人如图 3-5 所示。

4．导轨工业机器人

导轨工业机器人可沿直线或圆弧插补运动，完成检测、探伤、分类、装配、包装、贴标、喷码、打码、喷涂等工作。

导轨工业机器人如图 3-6 所示。

图 3-5　热切割工业机器人

图 3-6　导轨工业机器人

5．焊接工业机器人

焊接工业机器人可装备各类焊枪进行焊接工作等，如图 3-7 所示。

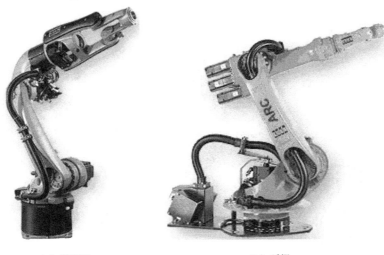

（a）通用焊 （b）弧焊

图 3-7 焊接工业机器人

3.2 数控设备

3.2.1 简介

采用数字控制技术的控制设备称为数控设备。在生产实际中，数控设备主要是指数控机床，又称为 CNC（计算机数控）机床（图 3-8）。

CNC 机床是一种加工复杂形、面零件的自动化和一体化的生产设备，其最大特点是能根据实际需要而通过控制装置自动加工各种不同复杂形状的零件。数控机床可以通过程序自动、准确地控制刀具进行定位及对工件进行切削加工，并可根据需要自动进行刀具的更换和提供冷却液、润滑液等。

图 3-8 数控机床

3.2.2 组成

CNC 机床由程序、输入/输出设备、CNC（计算机数字控制）装置、PLC（可编程控制器）、主轴控制系统、进给伺服控制系统、位置检测器及机床本体等部分组成，如图 3-9 所示。

1．程序

程序是指用于表示各种加工信息［如零件和工具的位置、零件加工的工艺过程和运动参数（进给量、主轴转速等）等］的指令或语言。

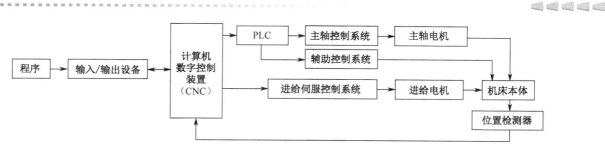

图 3-9　CNC 机床方框图

2. 输入/输出装置

输入/输出装置是将表示各种加工信息的程序输送给 CNC（计算机数字控制）装置的接口。

3. CNC 装置

CNC 装置是 CNC 机床的核心，它接收通过输入/输出装置的控制信息并转换、输出为数控机床的操作控制信号。

操作控制信号有三种：①主轴控制信号，对主轴的旋转运动进行调速控制，即如果刀具的径向位置发生变化，则主轴的转速将随之变化。②进给控制信号，用于机床进给传动的伺服控制，以实现对工作台或刀架的进给量、进给速度以及各轴间运动协调的控制。③辅助设备的顺序控制信号，实现对刀具更换、冷却液开或停、工作台的极限位置等开关量的控制。

4. 进给伺服控制系统

进给伺服控制系统简称伺服系统，其实质是工作台驱动控制系统，是将 CNC 装置输送来的信号通过执行部件（进给伺服电动机）实现对工作台（工件）的左右及上下运动等的速度、方向和位移的控制。

伺服系统的性能往往是影响数控机床对零件的加工精度、表面质量和生产效率等的主要因素。因此，数控机床进给伺服系统应满足以下要求。

① 系统的动态响应要快。

使系统具有良好的动态跟随性能，从而尽快消除负载扰动对电动机速度的影响。

② 系统应具有足够宽的调速范围。

通常要求调速比达到 10000：1 及以上，才能满足系统的要求。

③ 伺服电动机的转动惯量要小。

④ 伺服电动机应具有足够的加（减）速力矩。

为了快速移动机床导板或重切削的需要，要求伺服电动机能产生足够大的力矩。

⑤ 伺服电动机应运行平稳。

伺服电动机从低速到高速的整个速度范围内，应该保持运行平滑，电动机的转矩脉动尽可能小；在运动中不应产生脉动和过大的噪声；在停止时不应产生爬行现象和高频振动等。

⑥伺服电动机应安全可靠，质量和体积应尽可能小。

5. PLC

PLC 是可编程控制器的简称，它的作用是对数控机床进行辅助控制。由 CNC 装置输送来的顺序控制信号经 PLC 和辅助接口电路的处理转换成强电信号，用来控制数控机床的零件装夹、刀具更换、冷却液的控制、工作台的极限位置等。

6. 主轴控制系统

主轴控制系统接收经 PLC 的处理和辅助接口电路转换成的强电信号，用来控制数控机床的主轴电动机，从而实现对主轴旋转运动的控制。

7. 位置检测器

位置检测器通过传感器检测刀具或工作台（工件）的前、后、左、右、上、下的移动距离及移动速度等参数，反馈并与由 CNC 装置给出上述位置和速度的设定值进行比较；通过 CNC 装置促使整个 CNC 系统的位置和速度与设定值保持一致。

8. 机床本体

数控机床的种类很多，按工艺用途分为数控车床、数控铣床、数控磨床、数控镗床、数控钻床、数控加工中心、数控线切割机床、数控电火花加工机床等；按运动方式分为点位控制、直线控制、轮廓控制等数控机床；按伺服系统的控制方式分为开环、半闭环、闭环等控制系统的数控机床；因此，机床本体随之也有多种形式。通常，数控机床的机床本体由主运动系统、进给系统及辅助装置等三个基本部分组成。此外，还有存放刀具的刀库、自动换刀装置和自动托盘交换装置等部件。

3.2.3 种类

1. 数控车床

数控车床通过刀具（车刀）切削零件的外圆、内圆、端面、螺纹、螺杆及成型表面，并可安装钻头或铰刀对零件进行孔的加工。

数控车床如图 3-10 所示。

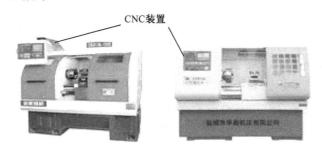

图 3-10 数控车床

2. 数控铣床

数控铣床通过刀具（铣刀）可加工零件的沟槽、斜面、平面等；若安装分度头，可铣切直齿齿轮和螺旋面；若安装圆工作台，可加工凸轮和弧形槽等。

数控铣床如图 3-11 所示。

3．数控磨床

数控磨床通过砂轮周边或端面对零件的平面、外圆、内圆等进行磨削加工，使零件的形状及其表面的精度、粗糙度达到设计要求。

数控磨床如图 3-12 所示。

图 3-11　数控铣床

图 3-12　数控磨床

4．数控镗床

数控镗床通过刀具（镗刀）对已在零件中粗钻的孔进行精加工，还可以对零件进行钻孔、扩孔、铰孔等。

数控镗床如图 3-13 所示。

图 3-13　数控镗床

5．数控钻床

数控钻床主要对零件进行孔的加工，还可以对零件进行扩孔、铰孔、攻丝等。

数控钻床如图 3-14 所示。

图 3-14　数控钻床

6．数控加工中心

数控加工中心是在普通数控机床（数控车床、数控铣床、数控镗床等）上增加安装刀库和自动换刀装置而构成的。

数控加工中心如图 3-15 所示。

图 3-15　数控加工中心

7. 数控线切割机床

数控线切割是将零件与加工工具作为极性不同的两个电极，而作为加工工具的电极是采用可连续移动的细金属丝（称为电极丝），其穿过零件，由计算机按预定的轨迹控制零件的运动，通过两电极间的脉冲火花放电蚀除金属材料、切割成型等来进行切割加工。数控线切割机床主要用于加工各种形状复杂和精密细小的工件，例如冲裁模的凸模、凹模、凸凹模、固定板、卸料板，成形刀具、样板、电火花成型加工用的金属电极，各种微细孔槽、窄缝、任意曲线等。

数控线切割机床如图 3-16 所示。

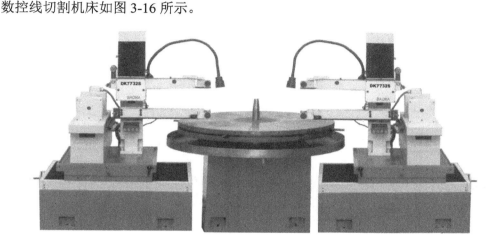

图 3-16　数控线切割机床

8. 数控电火花加工机床

数控电火花加工机床实质是利用电火花加工原理加工导电材料的特种加工机床。数控电火花加工机床主要用于加工各种高硬度的材料（如硬质合金和淬火钢等）和复杂形状的模具、零件以及切割、开槽和去除折断在零件孔内的工具（如钻头和丝锥）等。

数控电火花加工机床如图 3-17 所示。

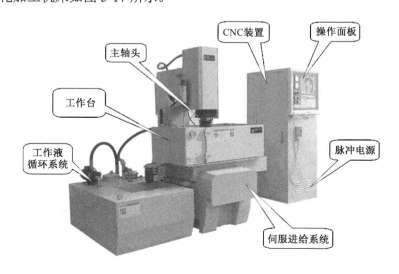

图 3-17　数控电火花加工机床

3.3 自动生产流水线

3.3.1 简介

　　自动生产流水线简称自动生产线。自动生产线是由零件/工件传送系统和控制系统将一组自动机床和辅助设备按照工艺顺序联结起来，自动完成产品全部或部分制造过程的生产系统。在机械制造业中有铸造、锻造、冲压、热处理、焊接、切削加工和机械装配等自动生产线，也有包括不同性质工序（如毛坯制造、加工、装配、检验和包装等）的综合自动生产线。根据生产的需要可以设计出各种不同的自动生产线。例如，如图 3-18（a）所示为药品小瓶包装生产线，如图 3-18（b）所示为废旧泡沫回收生产线，如图 3-18（c）所示为复合肥生产线，如图3-18（d）所示为多功能药瓶托盘包装生产线。

（a）药品小瓶包装生产线

（b）废旧泡沫回收生产线

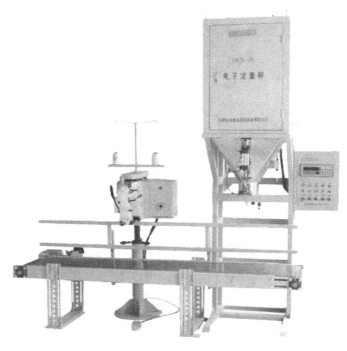

（c）复合肥生产线

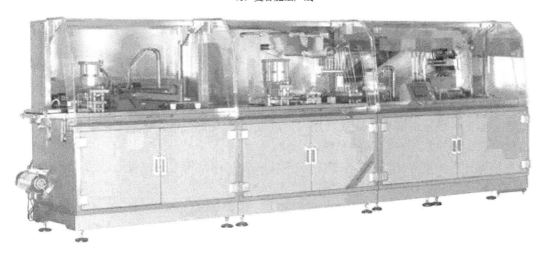

（d）多功能药瓶托盘包装生产线

图 3-18　各种自动生产线

3.3.2　MPS 系统

模块化生产加工系统简称 MPS 系统。MPS 系统结合现代工业特点模拟自动化生产过程，是集机械、电子、传感器、气动、通信为一体的高度集成的机电一体化装置，涵盖了机械设计、传感器技术、液压气动技术、计算机控制技术、工业网络通信技术和工业机器人技术等多个学科。因此，MPS 系统体现了机电一体化技术的实际应用。MPS 系统如图 3-19 所示。

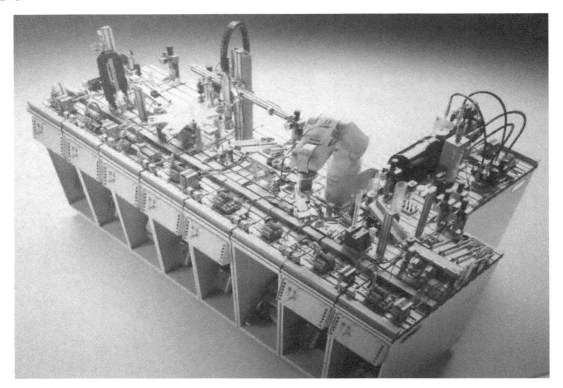

图 3-19　MPS 系统

1. 组成

MPS 系统由工作站、检测装置、控制装置、执行机构等构成。

工作站一般由供料、检测、加工、搬运、成品分装 5 个基本工作站构成，但最多时可由供料、检测、加工、搬运、暂存、组装、整体、成品检测、成品分装 9 个工作站构成。每一个工作站可独立成为一个机电一体化的系统。

检测装置是各种类型的传感器，它们被安装在各工作站相应的位置，分别判断和检测物体（工件或成品）的运动及其位置，或物体（工件或成品）的状态、材质、颜色等。

控制装置全部采用可编程控制器（PLC）。其控制方式有分散控制方式和集中控制方式两种。分散控制方式即每一工作站都由一个独立的 PLC 控制，而相邻两工作站之间通过简单的 I／O 接口来传递公共信息。特点是各站互不干扰，可简化程序编写和调试过程，但成本高，各站之间的协调能力差，不利于管理。集中控制方式即统一由一个 PLC 控制所有的工作站，而各工作站与控制器之间通过现场总线网络接口来传递控制信息。特点是能够更好地协调各站的操作，从而体现生产线的整体性，但需要有强大的网络支持，且程序编写较复杂、调试过程繁琐。

执行机构采用气动执行机构。空气压缩机（又称气泵）输出一定压力的气体，经空气过滤器滤除压缩空气中的水分和杂质，再经减压后送入各个工作站，驱动各站上的气动执行元件工作。在压缩空气输送过程中可通过气压表进行监视，通过压力继电器控制压缩机的自动启、停，以确保压缩空气的压力维持稳定。

工作过程：供料站负责将材料从材料仓库中输送出来；检测站负责检测材料，剔除废料，并将材料输送传到下一站；加工站负责零部件的加工过程；搬运站通过机械手负责将加工好的零部件搬运到暂存站；暂存站负责收集各零部件统一存放；组装站负责将各零部件进行组装；整体站负责最后组装或对成品进行外部整饰；成品检测站负责对成品进行功能检测，合格品再送到成品分装站；成品分装站按要求分装入库处理。

2．工作站的基本功能

（1）供料站。

功能：按需要将放置在材料仓中的待加工工件（毛坯料）取出，并将其传送到下一个工作站——检测站。

供料站由供料储料和传送两部分组成。供料储料部分负责从材料仓中分离工件，并将其送到指定位置；每推出一个工件，传感器就产生一个信号，用以监视材料仓中有无存放工件。传送部分（机械手）负责抓取工件，并将其传送到下一站。

（2）检测站。

功能：对供料站送来的待加工工件进行材质的检测、识别，将合格的工件送到下一个工作站——加工站，将不合格的工件送到废品站。

检测站由识别、升降、测量和滑槽等四大部分组成。识别部分负责识别工件的材质与颜色；通常采用电容式传感器检测工作台上有无工件，采用电感式传感器识别工件材质，采用光电式传感器识别工件颜色等。升降部分负责将工件从识别部分提升到测量位置。测量部分负责测量工件的厚度，并将测量值反馈送回 PLC。滑槽部分负责把工件送到下一个工作站——加工站。

（3）加工站。

功能：对检测站送来的待加工工件进行加工，并对加工的结果进行检测。

加工站由旋转分度台、加工（如钻孔）和检测（如检测孔深或孔径等）三大部分组成。旋转分度台部分负责在各加工位置上固定待加工工件，以便工件的加工和检测。加工部分负责对工件进行加工。检测部分负责检测加工是否正确，并通过传感器发出信息。

（4）搬运站。

功能：从加工站取出加工后的工件并区分，合格的工件传送到下一个工作站——暂存站；不合格的工件送到废品处理位置。

搬运站由机械手和滑槽两部分组成。机械手部分负责在加工站与搬运站之间传送（搬运）工件。滑槽部分负责分流、传送合格与不合格的工件。

（5）暂存站。

功能：分类暂存与传送工件。

暂存站由暂存传送带等构成。暂存传送带负责分类暂存和传送工件。

（6）组装站（装配机器手）。

功能：通过装配机器手将暂存站送来的各类工件组装，并将其传送到下一个工作站——整体站。

组装站由装配机器手等组成。装配机器手按要求、按顺序地进行各部件的组装或拼装。

（7）整体站（总装站）。

功能：完成最后的组装，成为产品、成品，是装配的最后一道工序。

整体站由总装和传送两部分组成。总装部分负责最后的组装；传送部分负责将产品、成品传送到下一工作站——成品检测站。

（8）成品检测站。

功能：检测已装配好的成品的各种指标是否正常或满足所需的要求，将合格的输送到下一工作站——成品分装站，将不合格的送至废品处理位置。

成品检测站由功能测试、转换、滑槽和传送四大部分组成。功能测试部分负责测试已组装好的成品的各种性能；转换部分负责剔除在功能测试中发现的废品；滑槽部分负责传送和储存不合格的成品；传送部分通过机械手抓取合格的成品，并将其传送到下一工作站。

（9）成品分装站。

功能：将检测合格的成品根据不同的类型进行分装处理和存放。

成品分装站由分检运送和滑槽两部分组成。分检运送部分负责将不同类型的成品分装到各滑槽中，通过滑槽进行存放。

3.4 自动扶梯

3.4.1 简介

自动扶梯是一种运输工具，是设置在建筑物楼层之间或层面间连续运载人员的输送机。自动扶梯如图 3-20 所示，其广泛用于车站、码头、商场、机场和地下铁道等人流集中的地方，成为人们不可缺少的公共设施。自动扶梯不仅起着运送人群的作用，而且起着美化环境的作用。1900 年，巴黎国际博览会展出的一台阶梯状动梯是现代自动扶梯的雏形。之后，自动扶梯得到迅速发展。

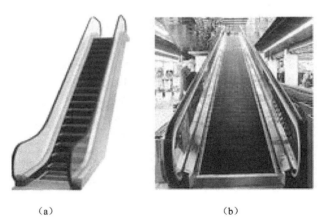

（a）　　　　　　　　　　　　　（b）

图 3-20　自动扶梯

自动扶梯是自动化程度较高的设备，是典型的机电一体化设备。其主体是由带式输送机构、控制装置、驱动装置和保护装置构成的机电一体化的控制系统。

3.4.2 基本结构

自动扶梯的整体构成如图 3-21 所示。

自动扶梯的基本构成有带式输送机构（包括梯级、牵引链、链轮、导轨、扶手、梳板、张紧装置等）、驱动装置（包括电动机、驱动主轴、减速装置、中间传动环节等）、控制装置（包括电气系统、制动器等）和保护装置，如图 3-22 所示。

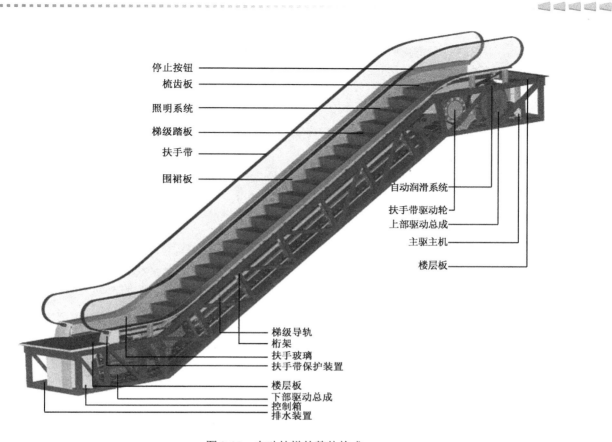

图 3-21　自动扶梯的整体构成

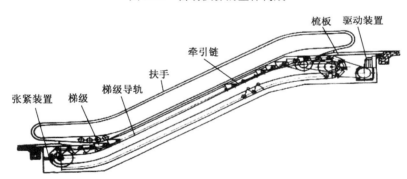

图 3-22　自动扶梯的基本构成

　　梯级在乘客入口处做水平运动（方便乘客登梯），以后逐渐形成阶梯；在接近出口处阶梯逐渐消失，梯级再度做水平运动。这些运动都是由梯级主轮、辅轮分别沿不同的梯级导轨行走来实现的。

　　两侧牵引链的长度必须经过严格的配对处理，避免由于两牵引链之间的长度误差，使梯级向一侧偏斜。牵引链由张紧装置调节张紧。

　　保护装置是评价自动扶梯性能的最重要指标。为了乘客的安全，自动扶梯安装了多种安全保护装置，包括牵引链的过载保护装置，梳齿板（梳板）被异物卡住的停机保护装置，扶手带进入口处的防异物停机保护装置，梯级下沉（因链轮破裂、踏板断裂等事故会造成梯级下沉）

的停机保护装置，牵引链折断的停机保护装置，扶手带折断的停机保护装置等。

控制装置采用可编程控制器（PLC）、单片机等进行控制。在事故发生时，保护装置通过控制装置向自动扶梯的驱动装置发出停机指令，从而使自动扶梯即时停止运行。

3.5　全自动洗衣机

3.5.1　简介

全自动洗衣机是家用电器中典型的机电一体化设备。

全自动洗衣机根据结构不同可分为波轮式（又称套桶式）、滚筒式和搅拌式三大类。目前，使用最多的是波轮式全自动洗衣机和滚筒式全自动洗衣机，如图 3-23 所示。

洗衣机的基本原理：先将衣物浸泡在水里来软化纤维，使吸附力较弱的灰尘扩散到水中，再施加足够的机械外力（如揉搓、拉伸、摔打、摩擦、水的冲刷等）及起化学作用的洗涤剂；当机械外力大于污物吸附力时，污物就会脱离衣服并扩散到水中，从而使衣物干净。

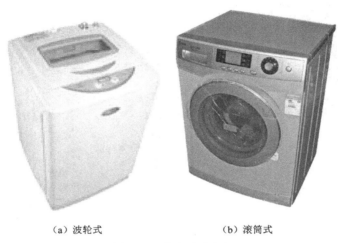

（a）波轮式　　　　　　　　（b）滚筒式

图 3-23　全自动洗衣机

3.5.2　基本结构

全自动洗衣机是由洗涤系统、给排水系统、脱水系统、电动机与传动系统、控制系统、箱体与支承机构等部分组成的。

1. 波轮式全自动洗衣机

波轮式全自动洗衣机结构如图 3-24 所示。

洗涤系统主要由波轮和洗涤内桶等组成。它通过传动机构将电动机的转动转变为水的流动，使衣物翻搅、撞击、摩擦，起到洗涤作用。

给排水系统主要由进水阀、排水阀及高水位开关、低水位开关等组成。进、排水阀与水位开关联动，通过水位开关控制进水阀或排水阀工作，实现进水或排水功能。

脱水系统主要是脱水桶。通常脱水桶兼洗涤桶用。在脱水桶高速旋转时，由于离心力的作用，使衣物与水同时压向桶壁，并使水从筒壁的圆孔中甩出脱水桶。

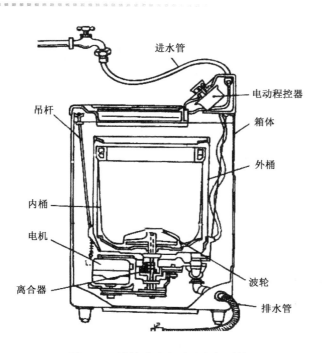

图 3-24　波轮式全自动洗衣机结构

电动机与传动系统主要由电动机、传动皮带、动力传动箱等组成。在洗涤时，电动机的动力通过传动皮带传递到动力传动箱，经齿轮减速后带动波轮转动进行洗涤工作；在脱水时，电动机的动力同样通过传动皮带传递到动力传动箱，但不经减速而经离合器使洗涤桶变为脱水桶，从而直接带动脱水桶高速转动进行脱水工作。

控制系统是电动程控器，又称定时器，用于控制洗涤方式的选择、进水、排水、洗涤、漂洗、脱水（甩干）等工作。

箱体与支承机构不仅起容纳洗衣机零部件的作用，还起装饰、支承、减震、减噪等作用。

2．滚筒式全自动洗衣机

滚筒式全自动洗衣机外部结构如图 3-25 所示。

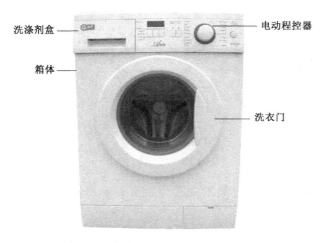

图 3-25　滚筒式全自动洗衣机外部结构

洗涤系统主要由圆形的洗涤内桶、盛水桶、轴与轴承等组成。衣物放进洗涤内桶，盛水桶设有进水和排水通道；水可通过洗涤内桶壁中的小圆孔进入洗涤内桶，在洗涤内桶旋转时，带动衣物转动；衣物超过一定高度就自由掉下，不断地抛掉，使污垢清洗干净。

进、排水系统由进水阀和排水阀组成。进水阀和排水阀的工作受控制系统——电动程控器控制。

电动机与传动系统主要由电动机、离合器、三角皮带、传动轴及轴封等组成。电动机正、反向旋转运动时，通过传动系统，带动洗涤内桶实现洗涤、漂洗、脱水等功能。

3.5.3　模糊洗衣机

传统的全自动洗衣机在工作前需要由人选择洗涤程序，并根据衣物设定衣质和衣量等，然后才能投入工作。从本质上讲，这种洗衣机还不尽完善。那么，洗衣机能否自动识别衣质、衣量，并能自动识别肮脏的程度、自动确定水的用量、自动投入恰当数量的洗涤剂等，从而实现全部自动地完成整个洗涤过程？

1965 年，美国的扎德教授创立了模糊逻辑理论，现在模糊技术已经被广泛地应用在各个领域。

模糊逻辑是为了求得一个最佳的综合结果，在推理时不以某一个因素或两个因素作判断，而是淡化个别因素的作用，突出总体诸多因素的效果，再得出正确的结论。因此，模糊逻辑是一种可以全面考虑各种因素，并做出最佳判断的推理方法。例如洗衣，由于洗涤衣物的效果与许多因素有关，如衣料的品种、衣服的数量、洗涤剂的性能、洗涤剂的数量、水的温度、水量等，因此，洗衣机的整个运行程序应该在综合上述情况后，做出最佳判断，才能既洗干净衣服，又能节省电、水、洗涤剂等。

模糊洗衣机的控制程序就综合考虑了上述各种情况。也就是说，模糊洗衣机的控制程序就是在模糊逻辑的基础上编制的，因此它有着极高的洗涤效能，不但简化了洗衣机的操作程序，提高了洗衣机的自动化水平，而且大大提高了衣物的洗涤质量。

模糊洗衣机如图 3-26 所示。

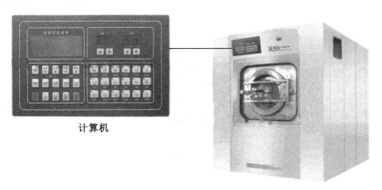

计算机

图 3-26　模糊洗衣机

在洗衣服时，通常决定洗涤效果的主要因素有：衣服的种类、水的温度、洗涤剂和机械力等。

① 衣服种类主要有棉纤维和化纤等之分，化纤的衣服要比棉纤维的衣服好洗。

② 水温越高，洗涤效果越好。

③ 洗涤剂中主要是各种酶决定洗涤效果。

④ 机械力也就是指洗衣机通过水流来模拟揉、搓等各种人在洗衣服时的动作。

根据上述因素，在模糊洗衣机中设置了可检测各种状态（因素）的传感器，主要有负载量传感器、水位传感器、水温传感器、布质传感器、洗涤剂传感器等。

① 负载量传感器主要用于检测洗涤衣服的多少。

② 水位传感器用来确定水位的高低和衣服吸水能力的大小。

③ 水温传感器用于检测水的温度。

④ 布质传感器用来测定所洗衣物属于棉纤类还是化纤类。

⑤ 洗涤剂传感器主要测定洗涤剂或粉的种类。

模糊洗衣机根据从各种传感器中得到的信号进行模糊控制，以确定洗涤方式和方法。

模糊洗衣机的控制原理如图 3-27 所示。

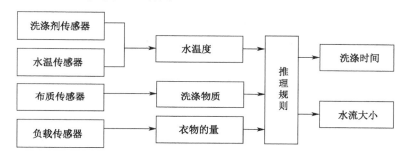

图 3-27　模糊洗衣机的控制原理

模糊洗衣机首先将从各种传感器中得到的数据按照数值的不同分成各种不同的档次。例如水温分高、中、低，衣服又分少、一般、多等档次，所分的档次越多，洗涤的精度越好，但是将使推理规则增加。然后把这些不同的档次作为输入量送入模糊控制推理系统中，根据推理规则来决定洗涤时间和水流强度。

模糊控制推理系统是一个微型计算机及各种检测处理电路，因此具有储存、计算、处理等能力。各种检测处理电路主要有洗衣机状态检测电路（内桶平衡检测电路、水位检测电路、浑浊度检测电路、温度检测电路、电源电压检测电路等）、显示电路和输出控制电路等。

① 内桶平衡电路用于检测内桶运行时是否平衡稳定，当衣物放置不均衡或其他原因使内桶旋转时发生剧烈晃动时，洗衣机不仅不能正常工作，还容易造成损坏。

② 衣质、衣量检测电路通常利用光学原理来产生反映衣质和衣量的电信号。

③ 水位检测电路是在水位变化时，机械浮筒随之上、下波动，推动电位器的中心触点也跟着上、下移动，从而产生反映水位高低的电压信号。

④ 浑浊度检测电路用于检测衣物的肮脏程度、肮脏性质和洗净程度等，以便对工作方式进行调整。通常利用红外线在水中的透光和时间的关系，就可以得出检测结果。

⑤ 温度检测电路用于将水温控制为 4℃～40℃。水温过高会对衣服有损坏。

⑥ 电源电压检测电路是当电源电压下降时，电压检测电路就会灵敏地反映出电源电压下降的情况。

⑦ 显示电路用于显示给定的洗涤时间和洗衣机的工作状态等。

⑧ 输出控制电路用于控制进水电磁阀和排水电磁阀的开度，控制洗涤剂投入、电动机的转速和主电动机的正、反转。

此外，模糊洗衣机还有工作启、停按键和功能设定按键等。

推理规则就是将人在洗衣服时的模糊经验数字化。例如若衣物少，化纤材质，且水温高，则只需用较小的力度，短时间洗涤。然后将很多类似这样的经验规则化，就可形成多种推理规则，并储存于计算机中。在使用的时候，就可根据不同的输入组合，采用不同的规则。因此，一个模糊控制系统通常由输入量、模糊推理规则和输出量组成。系统根据不同的输入量采用对应的推理规则决定输出量的大小。

3.6 柔性制造系统（FMS）

3.6.1 概念

柔性制造系统是由一组数字控制加工设备（数控机床）和计算机信息控制系统、物料自动储运系统有机结合而成的整体，是能适应加工对象变换的自动化机械制造系统，简称为 FMS。

如图 3-28 所示为一种柔性制造系统。

图 3-28　柔性制造系统（FMS）

由于柔性制造系统应用了数控加工设备、计算机控制、传感器检测、工业机器人或机械手等技术，因此，柔性制造系统实质是一种综合型的机电一体化的设备或产品。

所谓"柔性"是相对于"刚性"而言的。传统的"刚性"制造业主要是实现单一品种的大批量生产。其特点是生产率很高，设备固定使设备利用率也很高，但价格相当昂贵，不适用于多品种、中小批量的生产。随着科学技术的发展，人类社会对产品的功能与质量的要求越来越高，产品更新换代的周期越来越短，产品的复杂程度也随之增高，传统的大批量生产方式已不能适应社会的需求。而且，在大批量生产方式中，柔性和生产率是相互矛盾的。在品种单一、批量大、设备专用、工艺稳定、效率高时，才能构成一定的规模经济效益；反之，多品种、小批量生产，设备的专用性低，在加工形式相似的情况下，频繁地调整工夹具，工艺稳定难度增大，生产效率势必受到影响。因此，为同时提高制造工业的柔性和生产效率，在保证产品质量的前提下，缩短产品生产周期，降低产品成本，"柔性"概念就诞生了。

柔性可以表述为以下两个方面的能力。

（1）系统适应外部环境变化的能力。

可用系统满足新产品要求的程度来衡量。

（2）系统适应内部变化的能力。

可用在干扰（如机器出现故障）的情况下，系统的生产率与无干扰情况下的生产率期望值之比来衡量。

柔性主要包括：

（1）工艺柔性。

工艺流程不变时自身适应产品或原材料变化的能力；制造系统内为适应产品或原材料变化而改变相应工艺难易程度的能力。

（2）运行柔性。

利用不同的机器、设备、材料、工艺流程来生产一系列产品的能力；同样的产品换用不同工序加工的能力。

（3）机器柔性。

当要求生产一系列不同类型的产品时，机器和设备能随产品变化而加工不同零件的能力。

（4）产品柔性。

产品更新或完全转向后，系统能够非常经济和迅速地生产出新产品的能力；在产品更新后，对老产品有用特性的继承能力和兼容能力。

（5）生产能力柔性。

当生产量改变时，系统也能经济地运行的能力。

（6）维护柔性。

能采用多种方式查询、处理故障，保障生产正常进行的能力。

（7）扩展柔性。

当生产需要的时候，可以很容易地扩展系统结构，增加模块，构成一个更大系统的能力。

3.6.2　系统组成

柔性制造系统由数字控制加工设备、物料储运系统、信息控制系统、软件系统等部分组成，如图 3-29 所示。

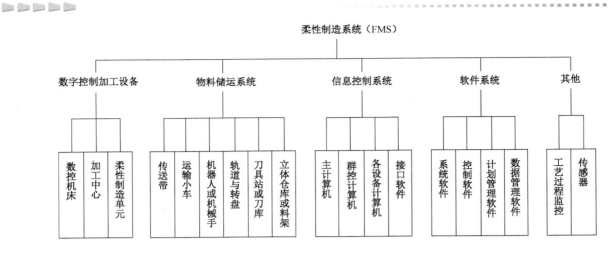

图 3-29　柔性制造系统组成

柔性制造系统平面图如图 3-30 所示。

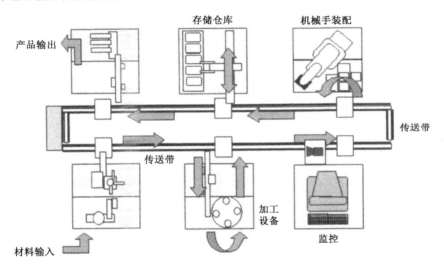

图 3-30　柔性制造系统平面图

1. 数字控制加工设备

数字控制加工设备又称自动加工系统，是指以成组技术为基础，把外形尺寸大致相似（形状不必完全一致）、重量大致相似、材料相同、工艺相似的零件集中在一台或数台数控机床或专用机床等设备上进行加工的系统。

加工设备主要采用加工中心和数控车床等，也可以是柔性制造单元。加工中心用于加工箱体类和板类零件，数控车床则用于加工轴类和盘类零件。中、大批量和少品种生产中所用的FMS，常采用可更换主轴箱的加工中心，以获得更高的生产效率。

数控加工设备如图 3-31 所示。

加工设备都是由计算机控制的，加工零件的改变等一般只需要改变控制程序，因而具有很高的柔性。

图 3-31　数控加工设备

2．物料储运系统

物料储运系统又简称物流系统，是指由多种运输装置（如各种传送带、轨道、转盘、运输小车、机器人或机械手等）构成的，完成工件、刀具等的供给与传送的系统。系统必须完成运和储两方面的功能，是柔性制造系统主要的组成部分。

物流系统运输、供给或传送的物料有毛坯、工件、刀具、夹具、检具和切屑等。物流系统储存物料的方法有平面布置的托盘库，也有储存量较大的桁道式立体仓库和各种料架。

立体仓库如图 3-32 所示。

图 3-32　立体仓库

立体仓库和各种料架如图 3-33 所示。

物流系统在计算机的控制下自动完成刀具和工件的输送工作。首先，毛坯一般先由工人装入托盘上的夹具中，并储存在自动仓库中的特定区域内，然后由自动搬运系统根据物料管理计算机的指令送到指定的工位。若采用固定轨道式台车（运输小车）和传送滚道则适用于按工艺顺序排列设备的 FMS；自动引导台车（运输小车）搬送物料的顺序则与设备排列位置无关，具有较大灵活性。

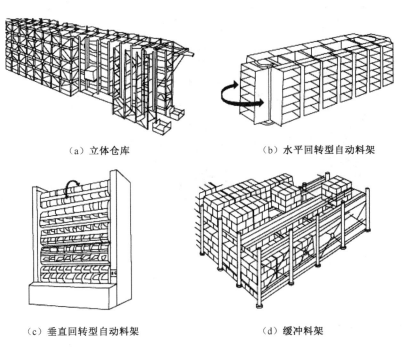

（a）立体仓库　　　　　　　　　　　　（b）水平回转型自动料架

（c）垂直回转型自动料架　　　　　　　　（d）缓冲料架

图 3-33　立体仓库和各种料架

自动引导台车搬送物料如图 3-34 所示。

图 3-34　自动引导台车搬送物料

工业机器人可在有限的范围内为 1~4 台机床输送和装卸工件。对于较大型的工件常利用托盘自动交换装置（简称 APC）来传送，也可采用在轨道上行走的机器人，同时完成工件的传送和装卸。

磨损了的刀具可以从刀库中逐件取出更换，也可由备用的子刀库取代装满待换刀具的刀库。车床卡盘的卡爪、特种夹具和专用加工中心的主轴箱也可以自动更换。切屑运送和处理系统是保证 FMS 连续正常工作的必要条件，一般根据切屑的形状、排除量和处理要求来选择经济的结构方案。

3．信息控制系统

信息控制系统简称信息系统，是指对加工和运输过程中所需各种信息进行收集、处理、反馈，并通过计算机或其他控制装置（液压、气压装置等）对机床或运输设备实行分级控制的系统。

信息系统通常由主计算机、群控计算机、各设备计算机及各种接口电路等组成。其主要功能是实现各计算机之间的信息联系，对整个系统进行管理，确保整个系统正常工作。

FMS 信息控制系统的结构组成形式有很多，对于一个复杂系统，只有通过计算机分级管理才能对系统进行更有成效的管理，保证在工作时各部分保持协调一致。因此，FMS 信息控制系统一般多采用群控方式的递阶式系统：第一级（阶）为各个工艺设备的计算机数控装置（CNC），以实现各自的加工过程的控制；第二级（阶）为群控计算机，负责把来自第三级计算机的生产计划和数控指令等信息，分配给第一级中有关设备的数控装置，同时把它们的运转状况信息上报给上级计算机；第三级（阶）是 FMS 的主计算机（控制计算机），其功能是制订生产作业计划，实施 FMS 运行状态的管理及各种数据的管理；第四级（阶）是全厂的管理计算机。

4．软件系统

软件系统是保证柔性制造系统用计算机进行有效管理的必不可少的组成部分。性能完善的软件是实现 FMS 功能的基础，除支持计算机工作的系统软件外，数量更多的是根据使用要求和用户经验所发展的专门应用软件，大体上包括控制软件（控制机床、物料储运系统、检验装置和监视系统）、计划管理软件（调度管理、质量管理、库存管理、工装管理等）和数据管理软件（仿真、检索和各种数据库）等。归纳起来，软件系统必须包含设计、规划、生产控制和系统监督等软件。

5．其他

为保证 FMS 的连续自动运转，须对刀具和切削过程进行监视，采用的方法有：测量机床主轴电机输出的电流功率或主轴的扭矩；利用传感器拾取刀具破裂的信号；利用接触测头直接测量刀具的刀刃尺寸或工件加工面尺寸的变化；累积计算刀具的切削时间以进行刀具寿命管理；此外，还可利用接触测头来测量机床热变形和工件安装误差，并据此对其进行补偿，等等。

3.6.3　系统功能和关键技术

柔性制造系统（FMS）的功能如下：

① 以成组技术为核心的对零件分析编组的功能。

② 以计算机为核心的编排作业计划的智能功能。

③ 以加工中心为核心的自动换刀、换工件的加工功能。

④ 以托盘和运输系统为核心的工件存放与运输功能。

⑤ 以各种自动检测装置为核心的自动测量、定位与保护功能。

柔性制造系统（FMS）主要涉及以下几个关键技术：

① 监控和管理系统技术。

② 物流系统技术。

③ 刀具传输和管理系统技术。

④ 联网通信技术。

⑤ 辅助系统技术。FMS 的辅助系统包括自动清洗工作站、自动去毛刺设备、切削液自动排放和集中回收处理、自动测量设备、集中切屑运输系统、集中冷却润滑系统及集中供液、气等设施。

3.6.3 系统类型

1. 柔性制造系统（FMS）

柔性制造系统（图 3-35）是以数控机床或加工中心为基础，配以物料传送装置组成的生产系统。柔性制造系统包括多个柔性制造单元，能根据制造任务或生产环境的变化迅速进行调整。

柔性制造系统由计算机实现自动控制，能在不停机的情况下满足多品种产品的加工。柔性制造系统适合加工形状复杂、加工工序多、中小批量的零件。其加工和物料传送柔性大，但人员柔性仍然较低。

图 3-35　柔性制造系统（FMS）

2. 柔性制造单元（FMC）

柔性制造单元（图 3-36）是由一台或数台数控机床或加工中心、工业机器人构成的加工单元，可视为一个规模最小的 FMS，是 FMS 向廉价化及小型化方向发展的一种产物。

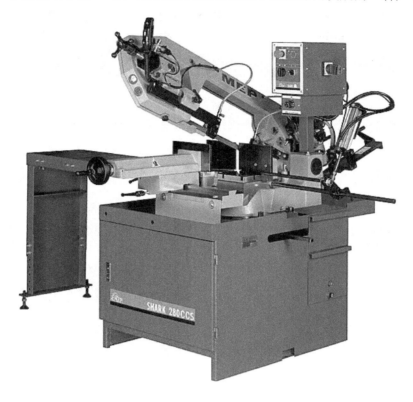

图 3-36 柔性制造单元（FMC）

柔性制造单元根据需要可以自动更换刀具和夹具，加工不同的工件。柔性制造单元适合加工形状复杂、加工工序简单、加工工时较长、批量小的零件。它具有较大的设备柔性，但人员和加工柔性低。

3．柔性制造线（FML）

柔性制造线是处于单一或少品种大批量非柔性自动线与中小批量多品种 FMS 之间的生产线，因此，又称为柔性自动生产线。

柔性自动生产线是把多台可以调整的机床（多为专用机床）联结起来，配以自动运送装置组成的生产线，如图 3-37 所示。

柔性自动生产线的加工设备可以是通用的加工中心、CNC 机床，亦可采用专用机床或 NC 专用机床。对物料搬运系统柔性的要求低于 FMS，但生产率更高。柔性自动生产线可以加工批量较大的不同规格零件。柔性程度低的柔性自动生产线，在性能上接近大批量生产用的自动生产线；柔性程度高的柔性自动生产线，则接近于小批量、多品种生产用的柔性制造系统。

4．柔性制造工厂（FMF）

柔性制造工厂是将多条 FMS 连接起来，配以自动化立体仓库，用计算机系统进行联系，采用从订货、设计、加工、装配、检验、运送至发货的完整 FMS。

柔性制造工厂模型如图 3-38 所示。

图 3-37　柔性制造线（FML）

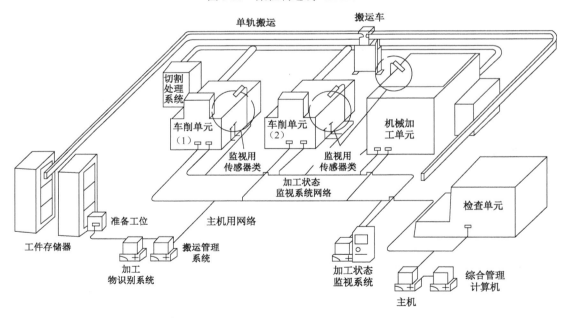

图 3-38　柔性制造工厂模型

　　柔性制造工厂包括了计算机辅助设计和辅助制造技术（CAD/CAM），并使计算机集成制造系统（CIMS）投入实际，实现生产系统柔性化及自动化，进而实现全厂范围的生产管理、产品加工及物料贮运进程的全盘化。FMF 是自动化生产的最高水平，反映出世界上最先进的自动化应用技术。柔性制造工厂将制造、产品开发及经营管理的自动化连成一个整体，以信息流控制物质流的智能制造系统（IMS）为代表，其特点是实现工厂柔性化及自动化。

　　柔性制造系统按机床与搬运系统的相互关系可分为直线型、循环型、网络型和单元型。加工工件品种少、柔性要求小的制造系统多采用直线布局，虽然加工顺序不能改变，但管理容易；单元型具有较大柔性，易于扩展，但调度作业的程序设计比较复杂。

本章小结

● 　本章通过学习机电一体化在日常生活和工业生产中的应用例子（工业机器人、数控设备、自动生产流水线、自动扶梯、全自动洗衣机、FMS 系统等），对机电一体化及其系统有明确的认识，巩固了机电一体化及其应用技术的知识。

● 　工业机器人是一种将多种技术（如控制技术、计算机技术、机械技术、电子技术等）和多种学科（如运动学、动力学、光学及仿生学等）融合在一起的典型机电一体化产品。工业机器人由控制装置（微处理器）、驱动装置（电气式、气压式、液压式和机械式）和操作系统（机械手、移动机构、伺服机构、传感器）三大部分构成。工业机器人的种类繁多，通常根据工业生产的需要合理选用。

● 　数控设备是指 CNC（计算机数控）机床。CNC 机床的最大特点是可根据实际需要通过控制装置自动加工各种不同的复杂形状的零件。CNC 机床由程序、输入/输出设备、CNC（计算机数字控制）装置、PLC（可编程控制器）、主轴控制系统、进给伺服控制系统、位置检测器及机床本体等部分组成。最常见的 CNC 机床有数控车床、数控铣床、数控磨床、数控镗床、数控钻床、数控加工中心、数控线切割机床和数控电火花加工机床等。各种 CNC 机床根据工作要求的不同应用于不同的场合。

● 　自动生产流水线是由零件/工件传送系统和控制系统将一组自动机床和辅助设备按照工艺顺序联结起来，自动完成产品全部或部分制造过程的生产系统。不同的工作性质有不同的自动生产线。模块化生产加工系统（MPS 系统）就是一种结合现代工业特点模拟自动化生产过程及集机械、电子、传感器、气动、通信为一体的高度集成的机电一体化生产流水线。MPS系统由工作站、检测装置、控制装置、执行机构等构成。工作流程：供料站负责将材料从材料仓库中输送出来；检测站负责检测材料，剔除废料，并将材料输送传到下一站；加工站负责零部件的加工过程；搬运站通过机械手负责将加工好的零部件搬运到暂存站；暂存站负责收集各零部件统一存放；组装站负责将各零部件进行组装；整体站负责最后组装或对成品进行外部整饰；成品检测站负责对成品进行功能检测，合格品再送到成品分装站；成品分装站按要求分装入库处理。

● 　自动扶梯是由带式输送机构、控制装置、驱动装置和保护装置构成的一个机电一体化的设备。

● 　全自动洗衣机是家用电器中典型的机电一体化设备。全自动洗衣机由洗涤系统、给排水系统、脱水系统、电动机与传动系统、控制系统、箱体与支承机构等部分组成。模糊洗衣机的核心是模糊控制推理系统，该系统通常由输入量、模糊推理规则和输出量组成。系统根据不同的输入量采用对应的推理规则决定输出量的大小。

● 　柔性制造系统（FMS）实质是一种综合型的机电一体化的设备或产品。柔性制造系统是计算机化的制造系统，主要由计算机、数控机床、各种传送带、轨道、转盘、运输小车、机器人或机械手、自动化仓库等组成。它可以随机地、实时地按照装配部门的要求，生产其能力范围内的任何工件，特别适用于多品种、中小批量、设计更改频繁的离散零件的批量生产。

习题 3

3.1 填空题

1．工业机器人就是拥有能够自动控制的_____功能和_____功能，可以按照程序执行各项作业的机器。

2．工业机器人是由_____、_____和_____等三大部分组成的。

3．工业机器人的控制装置的核心部件是_____。

4．工业机器人的操作系统有_____、_____、_____和_____等部分。

5．固定的工业机器人的移动机构是_____。

6．工业机器人的驱动装置的作用是_____。

7．码垛工业机器人的作用_____。

8．导轨工业机器人的作用_____。

9．数控设备是指采用_____技术的控制设备。

10．CNC 机床是一种_____的生产设备。

11．CNC 机床的操作控制信号有_____、_____、_____三种。

12．CNC 机床的 PLC 的作用是_____。

13．数控机床的机床本体由_____、_____及_____三个基本部分组成。

14．MPS 系统是集_____、_____、_____、_____和_____为一体的机电一体化装置。

15．MPS 系统是由_____、_____、_____和_____等构成的。

16．MPS 系统的可编程控制器控制方式有_____和_____两种。

17．检测工作站由_____、_____、_____和_____四部分组成。

18．自动扶梯的控制系统由_____、_____、_____和_____构成。

19．全自动洗衣机根据结构不同可分为_____、_____、_____三大类。

20．波轮式全自动洗衣机的_____、_____与_____联动，实现进水或排水功能。

21．决定洗衣机洗涤效果的主要因素有_____、_____、_____和_____等。

22．模糊洗衣机根据_____的信号，进行模糊控制，以确定洗涤方式和方法。

23．模糊洗衣机的衣质、衣量检测电路通常利用_____原理来产生反映_____的电信号。

24．模糊洗衣机的显示电路用于_____和_____等。

25．FMS 是由_____、_____、_____等有机结合的整体，并能适应加工对象变换的_____系统。

26．柔性可以表述为_____、_____两个方面的功能。

27．FMS 由_____、_____、_____、_____等几部分组成。

28．自动加工系统是指以_____为基础，把_____、_____、_____、_____的零件集中在一台或数台数控机床或专用机床等设备上进行加工的系统。

29．柔性制造系统的物流系统必须完成_____和_____两方面的功能。

30．柔性制造系统的信息系统是指对_____和_____过程中所需各种信息的_____、_____、_____，并通过计算机或其他控制装置对机床或运输设备实行分级控制的系统。

31．柔性制造系统的信息系统通常由_____、_____、_____及其_____等组成。

32．柔性制造系统的软件系统通常有_____、_____、_____、_____等软件。

33．柔性制造系统的软件系统必须包含_____、_____、_____、_____等软件。

34．柔性制造是指在_____的制造系统。

35．柔性制造系统是以_____为基础，配以_____组成的生产系统。

36．柔性制造系统适合加工_____，_____，_____的零件。

37．柔性制造单元是由一台或数台_____或_____、_____构成的加工单元。

38．柔性制造单元适合加工_____，_____，_____，_____的零件。

39．柔性自动生产线是把_____联结起来，配以_____组成的生产线。

40．FMF 是将_____、_____及_____的自动化连成一个整体，以信息流控制物质流的_____为代表。

41．FMF 的特点是_____。

42．柔性制造系统按机床与搬运系统的相互关系可分为_____型、_____型、_____型和_____型等。

3.2　是非题

1．工业机器人的控制装置同时具有存储、监控的功能。　　　　　　　　（　　）

2．工业机器人的机械手由手部（手爪）、手腕和手臂组成。　　　　　　（　　）

3．在工业机器人里，每一个关节就称为一个自由度。　　　　　　　　　（　　）

4．工业机器人的机械手伺服机构是整体驱动和移动的机构。　　　　　　（　　）

5．用于测定工业机器人的手腕位置和速度的是外部传感器。　　　　　　（　　）

6．工业机器人的驱动装置是操作机构的驱动源。　　　　　　　　　　　（　　）

7．焊接工业机器人必须装备焊枪才能进行焊接工作。　　　　　　　　　（　　）

8．导轨工业机器人只能沿直线运动，完成检测、装配等工作。　　　　　（　　）

9．CNC 机床是指采用数字控制技术的数控设备。　　　　　　　　　　（　　）

10．PLC（可编程控制器）是将表示各种加工信息的程序输送给 CNC（计算机数字控制）装置的接口。　　　　　　　　　　　　　　　　　　　　　　　　　　　（　　）

11．CNC 机床的伺服系统实质是工作台驱动控制系统。　　　　　　　　（　　）

12．应根据生产的需要而设计出自动生产线。　　　　　　　　　　　　　（　　）

13．MPS 系统的每一个工作站都可成为一个机电一体化的系统。　　　　（　　）

14．搬运工作站通过机械手负责将加工好的零部件搬运到成品分装站。　　（　　）

15．成品检测站负责检测材料，剔除废料，并将材料输送到下一站。　　　（　　）

16．自动扶梯两侧的牵引链长度必须经过严格的配对。　　　　　　　　　（　　）

17．全自动洗衣机的洗涤桶兼脱水桶两用。　　　　　　　　　　　　　　（　　）

18．波轮式与滚筒式全自动洗衣机的电动机与传动系统基本相同，因此可以互相替代。
　　　　　　　　　　　　　　　　　　　　　　　　　　　　　　　　（　　）

19．模糊洗衣机的控制程序是在数字逻辑的基础上编制的。　　　　　　　（　　）

20. 洗衣机内桶平衡电路用于检测内桶运行时的不平衡度。 （　　）

21. FMS 是能适应加工对象不断变换的自动化机械制造系统。 （　　）

22. FMS 实质是一种综合型的机电一体化的设备或产品。 （　　）

23. 加工中心主要用于加工轴类和盘类零件。 （　　）

24. 数控车床主要用于加工箱体类和板类零件。 （　　）

25. 加工设备都是由计算机控制的，加工零件的改变等一般只需要改变外部连接即可达到目的。 （　　）

26. 自动引导运输小车搬送物料的顺序应与设备排列位置无关。 （　　）

27. 柔性加工系统的信息系统的主要功能是实现各计算机之间的信息联系，对整个系统进行管理，确保整个系统的正常工作。 （　　）

28. 性能完善的软件是实现 FMS 功能的基础。 （　　）

29. FMS 能根据制造任务或生产环境的变化迅速进行调整。 （　　）

30. 柔性制造单元实质为一个规模最小的 FMS。 （　　）

31. 柔性要求小的制造系统多采用单元型布局结构。 （　　）

32. 直线布局结构具有较大柔性，易于扩展，但调度作业的程序设计比较复杂。 （　　）

3.3 选择题

1. （　　）是工业机器人最重要的组成部分。

　　A. 控制装置　　　　　　　　B. 驱动装置　　　　　　　　C. 操作系统

2. （　　）是工业机器人的机械手握持工具或工件、物体的必要部位。

　　A. 手部　　　　　　　　　　B. 手腕　　　　　　　　　　C. 手臂

3. 移动机构是支承手臂并可进行（　　）的部件。

　　A. 固定　　　　　　　　　　B. 移动　　　　　　　　　　C. 固定或移动

4. 用于识别工业机器人作业对象的是（　　）传感器。

　　A. 内置　　　　　　　　　　B. 外部　　　　　　　　　　C. 视觉传感功能

5. 用于测定工业机器人的手腕位置和速度的是（　　）传感器。

　　A. 内置　　　　　　　　　　B. 外部　　　　　　　　　　C. 视觉传感功能

6. CNC 机床的核心是（　　）。

　　A. 程序　　　　　　　　　　B. CNC 装置　　　　　　　　C. 可编程控制器（PLC）

7. （　　）的性能是决定数控机床对零件的加工精度、表面质量和生产效率的主要因素。

　　A. CNC 装置　　　　　　　　B. 主轴控制系统　　　　　　C. 伺服系统

8. （　　）控制信号实现对 CNC 机床主轴的旋转运动进行调速控制。

　　A. 主轴　　　　　　　　　　B. 进给　　　　　　　　　　C. 顺序

9. MPS 系统是由工作站、执行机构、（　　）等构成的。

　　A. 控制装置　　　　　　　　B. 检测装置　　　　　　　　C. 检测装置和控制装置

10. MPS 系统的（　　）应用各种类型的传感器，检测物体的运动、位置等。

　　A. 控制装置　　　　　　　　B. 检测装置　　　　　　　　C. 工作站

11. （　　）站负责将材料从材料仓库中输送出来。

　　A. 供料　　　　　　　　　　B. 检测　　　　　　　　　　C. 搬运

12. （　　）站负责最后组装或对成品进行外部整饰。

  A．搬运　　　　　　　　B．组装　　　　　　　　C．整体

13．自动扶梯的（　　　）由张紧装置调节张紧程度。

  A．链轮　　　　　　　　B．导轨　　　　　　　　C．牵引链

14．滚筒式全自动洗衣机的进水阀和排水阀的工作受（　　　）控制。

  A．水位开关　　　　　　B．电动程控器　　　　　C．水位开关和电动程控器

15．模糊洗衣机的控制程序就是在（　　　）的基础上编制的。

  A．模拟　　　　　　　　B．数字逻辑　　　　　　C．模糊逻辑

16．水温越高，洗涤效果（　　　）。

  A．越差　　　　　　　　B．越好　　　　　　　　C．不受影响

17．（　　　）传感器主要用于检测洗涤衣服的多少。

  A．负载量　　　　　　　B．布质　　　　　　　　C．水位

18．洗衣机的温度检测电路用于将水温控制在（　　　）℃。

  A．0～20　　　　　　　　B．4～20　　　　　　　　C．4～40

19．柔性制造系统是（　　　）的自动化机械制造系统。

  A．能适应加工对象变换　B．不能适应加工对象变换　　　　　C．不能确定

20．（　　　）主要用于加工箱体类和板类零件。

  A．数控车床　　　　　　B．加工中心　　　　　　C．钻床

21．（　　　）主要用于加工轴类和盘类零件。

  A．数控车床　　　　　　B．加工中心　　　　　　C．钻床

22．对于中、大批量和少品种生产中所用的 FMS，常采用可更换主轴箱的（　　　）。

  A．数控车床　　　　　　B．加工中心　　　　　　C．钻床

23．加工设备都是由计算机控制的，加工零件的改变等一般只需要改变（　　　）。

  A．外部接线　　　　　　B．增加外部设备　　　　C．控制程序

24．物料储运系统必须完成（　　　）的功能。

  A．运输　　　　　　　　B．存储　　　　　　　　C．运输和存储

25．信息系统通常由主计算机、群控计算机、（　　　）等组成。

  A．各设备计算机　　　　B．各种接口电路　　　　C．各设备计算机及其各种接口电路

26．软件系统必须包含了设计、规划、（　　　）等软件。

  A．生产控制　　　　　　B．系统监督　　　　　　C．生产控制和系统监督

3.4　简答题

1．试述工业机器人的定义。

2．简述工业机器人的应用场合。

3．简述工业机器人三大组成部分的作用。

4．简述工业机器人对驱动装置的要求。

5．简述 CNC 机床的概念和特点。

6．简述 CNC 机床各部分的作用。

7．试述数控机床进给伺服系统应满足的要求。

8．试述数控车床的作用。

9．试述数控铣床的作用。

10. 试述数控磨床的作用。

11. 试述数控镗床的作用。

12. 试述数控钻床的作用。

13. 试述数控加工中心的作用。

14. 简述数控线切割的原理。

15. 试述数控线切割机床的作用。

16. 简述 MPS 系统的工作站的组成及各部分的功能。

17. 自动扶梯中有哪些保护装置？

18. 简述全自动洗衣机的洗衣过程。

19. 试述波轮式全自动洗衣机的组成及各部分的作用。

20. 什么是模糊逻辑？

21. 模糊洗衣机中设置有哪些传感器？各有什么作用？

22. 简述模糊洗衣机的控制原理。

23. 模糊洗衣机中有哪些检测处理电路？各有什么作用？

24. 简述模糊推理规则。

25. 简述"柔性"。

26. 试述表述柔性的两个方面。

27. 简述柔性主要包括的内容。

28. 试述柔性制造系统（FMS）的构成及各部分的作用。

29. 试述 FMS 信息控制系统的含义及其主要功能。

30. FMS 信息控制系统采用何种结构形式？为什么？

31. 什么是递阶式 FMS 信息控制系统？试述其各部分作用。

32. 试述柔性制造系统（FMS）的各种功能及其关键技术。

33. 什么是柔性制造单元（FMC）？其有何特点？

34. 什么是柔性制造线（FML）？其有何特点？

35. 什么是柔性制造工厂（FMF）？其有何特点？

参 考 文 献

[1]   余洵主编. 机电一体化概论[M]. 第 1 版. 北京：高等教育出版社，2000.

[2]   陈瑞阳主编. 机电一体化控制技术[M]. 第 1 版. 北京：高等教育出版社，2004.

[3]   武藤一夫（日）主编. 机电一体化[M]. 第 1 版. 北京：科学出版社，2007.

[4]   李运华主编. 机电控制[M]. 第 1 版. 北京：北京航空航天大学出版社，2003.

[5]   蔡夕忠主编. 传感器应用技能训练[M]. 第 1 版. 北京：高等教育出版社，2006.

[6]   刘伟主编. 传感器原理及实用技术[M]. 第 1 版. 北京：电子工业出版社，2006.

[7]   邓健平主编. 数控机床控制技术基础[M]. 第 1 版. 北京：人民邮电出版社，2006.

[8]   刘增辉主编. 模块化生产加工系统应用技术[M]. 第 1 版. 北京：电子工业出版社，2005.

[9]   黄筱调，赵松年主编. 机电一体化技术基础及应用[M]. 第 1 版. 北京：机械工业出版社，2008.

[10] 袁中凡主编. 机电一体化技术[M]. 第 1 版. 北京：电子工业出版社，2006.

[11] 梁景凯，盖玉先主编. 机电一体化技术与系统[M]. 第 1 版. 北京：机械工业出版社，2005.

反侵权盗版声明

电子工业出版社依法对本作品享有专有出版权。任何未经权利人书面许可，复制、销售或通过信息网络传播本作品的行为；歪曲、篡改、剽窃本作品的行为，均违反《中华人民共和国著作权法》，其行为人应承担相应的民事责任和行政责任，构成犯罪的，将被依法追究刑事责任。

为了维护市场秩序，保护权利人的合法权益，我社将依法查处和打击侵权盗版的单位和个人。欢迎社会各界人士积极举报侵权盗版行为，本社将奖励举报有功人员，并保证举报人的信息不被泄露。

举报电话：（010）88254396；（010）88258888

传　　真：（010）88254397

E-mail：　dbqq@phei.com.cn

通信地址：北京市万寿路 173 信箱

　　　　　电子工业出版社总编办公室

邮　　编：100036